CATALOGUE DES OISEAUX

OBSERVÉS DANS LE DÉPARTEMENT

DE LA LOIRE-INFÉRIEURE.

Extrait des *Annales* de la Société Académique de Nantes.

CATALOGUE

DES

OISEAUX

observés dans le Département de la Loire-Inférieure,

INDIQUANT LEUR HABITAT,

L'ÉPOQUE DU PASSAGE OU DU SÉJOUR DE CEUX QUI NE SONT PAS SÉDENTAIRES,
LEUR DEGRÉ DE RARETÉ, ETC.;

et contenant des considérations

sur la manière de faire les Faunes, sur l'insuffisance des explorations ornithologiques faites dans la Loire-Inférieure, sur les collections du Muséum d'Histoire naturelle de Nantes, sur les moyens les plus économiques d'y former une collection d'oiseaux, etc.;

PAR LE Dr J. BLANDIN,

Membre de la Commission de surveillance du Muséum d'Histoire naturelle de Nantes, etc.

Suum quisque lapidem afferat.

OUVRAGE COURONNÉ
PAR LA SOCIÉTÉ ACADÉMIQUE DE LA LOIRE-INFÉRIEURE,
le 22 Novembre 1863.

NANTES,

Ve MELLINET, IMPRIMEUR DE LA SOCIÉTÉ ACADÉMIQUE,
Place du Pilori, 5.

1864

CATALOGUE

DES OISEAUX

OBSERVÉS

dans le Département de la Loire-Inférieure,

Par le Docteur J. Blandin,

Membre de la Commission de surveillance du Muséum d'Histoire naturelle de Nantes, etc.

Suum quisque lapidem afferat.

INTRODUCTION.

Considérations importantes pour la formation des Faunes.

En faisant le catalogue des oiseaux du département de la Loire-Inférieure, nous aurions pu, conformément à l'usage, nous borner à donner leurs noms français et leurs noms scientifiques. Cette tâche eût été courte et facile. Nous avons préféré ajouter aux noms adoptés un travail beaucoup plus long et beaucoup plus ardu. Soutenu et encouragé par l'idée de la grande importance qu'il aurait pour les naturalistes et les ornithologistes, s'il était étendu à tous nos départements, nous n'avons reculé ni devant les fatigues des explorations à faire, ni devant les difficultés des renseignements à prendre. Ce travail, en effet, ne se bornera pas à indiquer ceux de nos oiseaux qui sont sédentaires, ceux dont le passage est périodique ou accidentel et qui nichent dans notre département; il fera connaître *surtout l'époque du passage ou du séjour de ces derniers parmi nous, les lieux d'habitation de tous et leur degré de rareté.*

La connaissance de l'époque du passage des oiseaux et des lieux où ils établissent leurs demeures, que la durée en soit courte ou longue, est d'une importance extrême. C'est la base fondamentale de toute étude bien ordonnée et de toute collection. Grâce à cette connaissance, il sera facile de faire une collection en peu de temps. Il ne faudra plus aux ornithologistes qu'un peu de feu sacré pour aller prendre sur des lieux déterminés les sujets qu'ils désirent et qu'ils ont longtemps cherchés peut-être dans des endroits qu'ils n'habitent pas.

Que ces idées soient appliquées, selon et autant qu'elles peuvent l'être, à l'étude des quadrupèdes, des poissons, des mollusques, des insectes, des végétaux, des minéraux, etc., d'un département ou d'un pays quelconque, sa Faune ne laissera rien à désirer, toutes ses productions seront exposées au grand jour de la science et mises à la disposition de chacun.

Si l'ornithologiste ne trouvait pas tout fait, et conséquemment ne pouvait pas consulter un travail analogue à celui-ci pour le guider dans les contrées qu'il explore, il devrait avoir recours à ses connaissances en géologie, en botanique, en entomologie, etc. La Géologie lui indiquerait la nature des terrains qu'il parcourt, leur composition et surtout celle de leurs couches superficielles; la Botanique lui dirait les végétaux qui croissent sur ces terrains; l'Entomologie les insectes qui se développent sur ces terrains ou sur ces végétaux; enfin, l'Ornithologie lui ferait connaître les oiseaux qui forment leur nourriture de tels ou tels de ces insectes ou bien de telles ou telles parties des végétaux soumis à ses regards, etc. Sachant donc la composition des couches superficielles d'un terrain, il saurait aussi, et presque *a priori,* quels végétaux il y trouverait, quels insectes les habiteraient et quels oiseaux les fréquenteraient, si toutefois ces insectes et ces végétaux étaient en quantité suffisante et dans des lieux convenablement disposés. Car toutes ces sciences sont sœurs ; car tout s'enchaîne dans la nature, et pas un seul anneau ne manquait à la chaîne des êtres lorsqu'elle est sortie des mains du Créateur. S'il existait aujourd'hui une solution de continuité à cette chaîne admirable, elle devrait être imputée à l'homme surtout qui a tant détruit depuis le commencement des siècles et qui s'acharne encore à détruire continuellement sans pouvoir reproduire ce qu'il anéantit.

Nous faisons des vœux ardents pour que toutes les Faunes des départements de la France et celles des autres pays fassent connaître avec une exactitude scrupuleuse les oiseaux qui y sont sédentaires, l'époque du passage ou du séjour de ceux qui ne le sont pas et les noms des lieux que les uns et les autres habitent dans chaque contrée. Si les Faunes donnaient ces renseignements, on saurait où vont les espèces qui nous quittent, d'où viennent celles qui nous arrivent : leur histoire, où se remarquent tant de lacunes, serait facilement complétée : il en résulterait un avantage immense pour la science. Les naturalistes ne perdraient plus leur temps précieux en tâtonnements et en explorations fatigantes et inutiles. Ils visiteraient chaque localité à son heure ou à son époque opportune, étudiant les mœurs de ses habitants, traçant leurs observations d'après nature et rapportant pour leurs cabinets les sujets qu'ils auraient choisis eux-mêmes dans toute leur fraîcheur et leur perfection. Avec les moyens rapides de communications qui existent aujourd'hui et qui se multiplieront encore, les naturalistes acquerraient en peu d'années de grandes connaissances pratiques, tout en menant une vie agréable et variée. Ils auraient encore un plaisir supérieur à celui-là, le plaisir de contribuer aux progrès et à la propagation de la science.

Le catalogue qu'on va lire est fait d'après les idées qui précèdent. En regard des noms des oiseaux, nous indiquerons avec soin s'ils sont sédentaires, s'ils sont de passage périodique ou accidentel et s'ils nichent ; à quelle époque ils opèrent leur passage ou fixent leur demeure parmi nous, et quelle en est la durée ; les noms des localités que certaines espèces affectionnent d'une manière spéciale et hors desquelles on les trouve rarement et isolément ; enfin, leur degré de rareté. Nous nous bornerons à des indications générales pour les espèces qui vivent presque partout ou qui sont à peu près également réparties dans tous les lieux qui ont la même nature et la même disposition.

A la suite de ce catalogue se trouve un résumé statistique des genres et des espèces d'Europe que nous avons et de ceux que nous n'avons pas, ainsi que la comparaison du nombre d'oiseaux que nous possédons avec celui que possèdent la France et l'Europe.

Viennent ensuite des considérations :

1° Sur l'insuffisance des explorations ornithologiques faites jusqu'à ce jour dans la Loire-Inférieure ;

2° Sur les causes qui décident de l'habitation des oiseaux dans un lieu ;

3° Sur celles qui avancent ou retardent leur arrivée ou leur départ ;

4° Sur le but de ce travail qui est de rendre plus faciles l'étude de l'ornithologie et la formation des collections ; sur les altérations de celles de notre muséum; sur le mauvais emplacement et l'étroitesse de cet édifice ;

5° Sur les moyens les plus économiques d'y former une collection ornithologique ;

6° Enfin, sur le dépeuplement et l'utilité des oiseaux.

EXPLICATION DES ABRÉVIATIONS.

Séd.	veut dire	Sédentaire.
Pér. ou période. . . .	—	Périodique.
Acc. ou accid. . . .	—	Accidentel.
Nich.	—	Nichant.
Print	—	Printemps.
Aut. ou auto.	—	Automne.
Hiv	—	Hiver.

Les noms des auteurs sont écrits en entier la première fois, et abrégés quand ils sont répétés.

Catalogue des Oiseaux observés dans le Département de la Loire-Inférieure.

ORDRES, GENRES ET ESPÈCES.		Séd.	PASSAGE		Nich.	ÉPOQUE DU PASSAGE OU DU SÉJOUR.	Lieux d'habitation et degré de rareté.
			Pér.	Accid.			
ORDRE PREMIER.							
Rapaces (*Rapaces*).							
4e Genre. — FAUCON (*Falco*) Linné.							
FAUCONS PROPREMENT DITS.							
F. Pélerin	*F. Peregrinus* Brisson		pér.			Automne, hiver (d'octobre en mars.)	Marais surtout, plaines, champs et bois qui les avoisinent. Saint-Julien-de-Concelles, Grand-Lieu, etc. Pas très commun.
F. Hobereau	*F. Subbuteo* Linné		pér.		nich.	Printemps, été (de mars en octobre.)	Marais, champs et plaines. Pas très commun.
F. Emérillon	*F. Æsalon* Temminck		pér.			Automne, hiver (d'octobre en mars.)	Id. Pas très commun.
F. Cresserelle	*F. Tinnunculus* Linn.	séd.					Rochers, vieux édifices, champs, landes, prairies peu humides, pourtour des bois. Rochers de Mauves, tour d'Oudon, etc. Commun.
AIGLES.							
A. Jean-le-Blanc	*F. Brachydactylus* Wolf.	séd.					Marais giboyeux bordés de nappes d'eau spacieuses, futaies et grands bois qui les avoisinent. Forêt d'Ancenis, forêt du Gâvre, où il a niché; forêt de la Bretêche, où trois ont été tués, deux ayant leur nid et un autre en hiver. Nous devons ces derniers renseignements à M. Th. Péligry, ornithologiste aussi distingué qu'habile préparateur. Rare.
A. Criard	*F. Nœvius* Gmélin			accid.			A été tué une fois. Extrêmement rare.
A. Balbuzard	*F. Haliætus* Linn		pér.			Automne. (septembre.)	Grèves et rivières, marais, lac; grands arbres qui en sont plus ou moins distants, sur lesquels il couche. La Loire, à Thouaré, Mauves, etc. Saint-Julien-de-Concelles, Grand-Lieu. Pas commun.
A. Pygargue	*F. albicilla* Lath.		pér.			Automne, hiver (de novemb. à mars.)	Lac, marais, hauts bois et forêts des alentours, dans lesquelles il se réfugie. Forêt de la Bretêche. Saint-Aignan, Grand-Lieu, Saint-Julien. Pas commun.

ORDRES, GENRES ET ESPÈCES.		Séd.	PASSAGE Pér.	Accid.	Nich.	ÉPOQUE DU PASSAGE OU DU SÉJOUR.	Lieux d'habitation et degré de rareté.
AUTOURS.							
A. ordinaire..........	*F. palumbarius* Linn....	.....	.....	accid.	nich..	hiver, Printemps....	Marais et terrains boisés de leurs environs et d'ailleurs. Grande-Brière, Blain, où nichait un couple dont le mâle a été tué et se trouve dans la collection de M. Péligry. Rare.
A. Épervier..........	*F. Nisus* Linn.........	séd...	.....	.....	.....	....	Plaines, champs, bois, etc. Commun.
A. Grand-Épervier?...	*F. Nisus major* Becker..	séd...	.....	.....	.....	....	Id. Moins commun.
MILANS.							
M. royal.............	*F. Milvus* Linn.........	.....	.....	(1) accid.	.....	Automne, hiver..... (d'octobre en mars.)	Marais, bords des rivières, plaines, champs. Saint-Julien, l'Erdre, etc. Rare.
M. noir ou parasite....	*F. ater* Gmél..........	.....	.....	accid.	.....	....	Bas de la Loire. Extrêmement rare.
BUSES.							
B. commune, changeante. Busardet..	*F. Buteo* Linn.........	séd...	.....	.....	.....	....	Marais, plaines, landes, voisinage des bois; couche dans les futaies, les arbres verts. Assez commune.
B. Bondrée...........	*F. apivorus* Linn.......	.....	pér...	.....	nich..	Automne, hiver..... (parfois le printemps)	Forêt de la Bretêche. Pas commune.
B. Pattue............	*F. lagopus* Brunnich....	.....	.....	accid.	.....	....	Extrêmement rare.
BUSARDS.							
B. Harpaye, ou de marais.............	*F. rufus* Lath.........	séd...	.....	.....	.....	....	Plaines, prairies des rivières, marais surtout. Erdre, Saint-Julien, etc. Assez commun.
B. Saint-Martin.......	*F. cyaneus* Lath.......	.....	pér...	.....	.....	Automne, hiver..... (et jusqu'en mai.)	Marais, plaines, champs, prairies des rivières et taillis d'alentour. Erdre, Saint-Julien, etc. Pas commun.
B. Montagu..........	*F. cineraceus* Montagu..	.....	pér...	.....	.....	Printemps, été...... (d'avril en octobre.)	Marais, prairies, taillis, champs de blé surtout, qu'il bat à des heures régulières, en mai et juin. Marais de l'Erdre, de la Brière, etc. Assez commun.

(1) Nous sommes très porté à croire que le passage d'un certain nombre d'oiseaux que nous portons comme accidentel, est plus ou moins périodique.

ORDRES, GENRES ET ESPÈCES.		Séd.	PASSAGE		Nich.	ÉPOQUE DU PASSAGE OU DU SÉJOUR.	Lieux d'habitation et degré de rareté.
			Pér.	Accid.			
5e GENRE. — CHOUETTE (*Strix*) LINN.							
CHOUETTES NOCTURNES.							
C. Hulotte...........	*S. Aluco* Meyer........	séd...	......	....	.....	....	Vieux arbres creux, en massifs surtout; vieux édifices, tours, colombiers inhabités, rochers; taillis de chêne dont les feuilles restent sur les branches en hiver : elle y est souvent exposée au soleil après une pluie de plusieurs jours. Assez commune.
C. Effraie............	*S. flammea* Linn........	séd...	......	....	.....	....	Id. Rochers de Mauves, tour d'Oudon, etc. Moins commune que la précédente.
C. Chevêche..........	*S. passerina* Gmél......	séd...	......	....	.....	....	Arbres creux et touffus, trous des rochers. Iles de la Loire, bords du marais de Mauves, etc. Assez commune.
HIBOUS.							
H. Brachyote.........	*S. Brachyotus* Forster...	......	pér...	....	.....	Automne, hiver..... (d'octobre en mars.)	Iles, bruyères, champs garnis de bois et d'arbres futaies. Iles de la Loire, bords de l'Erdre, etc. Assez commun.
H. Moyen-duc........	*S. Otus* Linn...........	séd...	......	....	.....	....	Vieux bois, futaies, arbres creux, fourrés, lierres. Bois de Maubreuil, etc. Peu commun.
H. Petit-duc ou Scops..	*S. Scops* Linn.........	......	pér...	....	nich..	Printemps, été...... (de mai en septemb.)	Massifs d'arbres touffus, grands arbres isolés ombreux où il chante la nuit. Iles de la Loire, collines du marais de Mauves, etc. Assez commun certaines années.
ORDRE DEUXIÈME.							
Omnivores (*Omnivores*).							
6e GENRE. — CORBEAU (*Corvus*) LINN.							
C. noir..............	*C. Corax* Linn........	séd...	......	....	.....	....	Grandes forêts, futaies, grèves, champs. Forêts du Gâvre, de la Bretêche, etc. Peu commun.
Corneille noire........	*C. Corone* Linn........	séd...	......	....	.....	....	Champs récemment ensemencés de céréales, prairies et pâtures humides, bords et grèves des rivières, grands arbres isolés où l'une fait sentinelle pendant que les autres cherchent leur nourriture. Commune en novembre sur les champs de céréales de Carquefou, des landes de Mauves, du Cellier, etc.; environs de Bourgneuf en mai.

ORDRES, GENRES ET ESPÈCES.		Séd.	PASSAGE Pér.	Accid.	Nich.	ÉPOQUE DU PASSAGE OU DU SÉJOUR.	Lieux d'habitation et degré de rareté.
Corneille mantelée.....	*C. Cornix* Linn.......	.....	pér...	.....	.....	Automne, hiver..... (de novemb. en mars)	Comme la corneille noire, mais peu commune; jamais en bande.
C. Freux............	*C. frugilegus* Linn......	.....	pér...	.....	.....	Automne, hiver..... (de novemb. en mars)	Id. Moins commun que la corneille noire.
C. Choucas...........	*C. Monedula* Linn......	séd...	.....	.....	.....	....	Grands édifices, vieilles tours à murs troués; prairies, champs, arbres fruitiers à noyaux qu'il ravage; futaies, grands bois taillis où il couche parfois. Saint-Pierre et le château de Nantes, tour d'Oudon, bois de Maubreuil, etc. Commun là, mais pas partout.
7e Genre. — GARRULE (*Garrulus*) Briss.							
PIES PROPREMENT DITES.							
P. commune..........	*G. Picus* Temm........	séd...	.....	.....	.....	....	Partout dans la campagne, surtout sur les champs qu'on laboure ou qui viennent d'être ensemencés. Commune.
GEAIS.							
G. glandivore.........	*G. glandarius* Vieillot...	séd...	.....	.....	.....	....	Les vergers, les cerisiers, les noyers, les châtaigniers, les chênes et les bois. Commun.
9e Genre.— PYRRHOCORAX (*Pyrrhocorax*) G. Cuvier.							
P. Coracias...........	*P. Graculus* Temm.....	.....	.....	acc...	.....	Un couple a été vu par nous en mai dans une île près de Thouaré.	Rochers et plages maritimes. Belle-Isle en mer (Morbihan); c'est à peu près le seul endroit qu'il habite dans nos contrées. Il se blottit l'hiver dans les trous des rochers et est difficile à tuer.
12e Genre. — LORIOT (*Oriolus*) Linn.							
L. vulgaire.	*O. Galbula* Linn.......	.....	pér..	.....	nich..	Printemps, été...... (mai à mi-septemb.)	Grandes futaies, massifs de hauts bois, vergers, figuiers à fruits murs. Futaies de Maubreuil, de la Seilleraie, etc. Assez commun.
13e Genre. — ÉTOURNEAU (*Sturnus*) Linn.							
E. vulgaire	*S. vulgaris* Linn.......	séd... (1)	.....	.....	.....	....	Prairies et pâtures humides, couche parfois dans les roseaux des marais. Prairies de Mauves, Saint-Julien, Montoir surtout où se voient en mars des bandes nombreuses, etc. Assez commun.

(1) Le nombre des étourneaux sédentaires n'est pas considérable. En automne, il nous arrive beaucoup de ces oiseaux, mais ils émigrent pour la plupart à la fin de mars.

ORDRES, GENRES ET ESPÈCES.		Séd.	PASSAGE		Nich.	ÉPOQUE DU PASSAGE OU DU SÉJOUR.	Lieux d'habitation et degré de rareté.
			Pér.	Accid.			
ORDRE TROISIÈME.							
Insectivores (*Insectivores*).							
15e GENRE. — PIE-GRIÈCHE (*Lanius*) LINN.							
P. grise	*L. excubitor* Linn	.....	pér...	.....	....	Hiver (novembre à mars.)	Plaines humides, prairies et marais à herbes courtes, parsemés ou entourés d'arbres élevés à la cime desquels elle se met en observation. Vallées de Saint-Julien, de Rezé, bords du Sail, etc. Peu commune.
P. à poitrine rose	*L. minor* Gmél.	.....	.....	accid.	nich..	Printemps.	Prairies et pâtures munies d'arbres et de buissons ; a niché et a été prise à Sainte-Luce. Extrêmement rare.
P. rousse	*L. rufus* Briss	.....	pér...	.....	nich..	Printemps, été (d'avril à septemb.)	Vallées et prairies garnies d'arbres et de haies; champs en pente et humides. Vallées de Saint-Julien, de Chantenay, etc. Pas très commune.
P. Ecorcheur	*L. collurio* Briss	.....	pér...	.....	nich..	Idem.	Champs, landes, pâtures garnis de haies et d'arbres. Plus commune que la précédente et plus rapprochée des habitations.
16e GENRE. — GOBE-MOUCHE (*Muscicapa*) LINN.							
G. gris	*M. grisola* Linn.	.....	pér...	.....	nich..	Printemps, été (mai à septembre.)	Futaies ombreuses, grands arbres en massifs, avenues. Pas très commun.
G. à collier	*M. albicollis* Temm	.....	pér...	.....	.....	Automne. (septembre.)	Avenues, vergers, arbres à branches peu serrées sur lesquelles il piaille fréquemment. Assez commun, mais seulement en septembre.
G. Bec-figue	*M. luctuosa* Temm	.....	.....	accid.	.....	Fin d'avril	Tué par nous à la Couronnerie, en Doulon, dans un pré bas, en avril. Extrêmement rare.
17e GENRE. — MERLE (*Turdus*) LINN.							
M. Draine	*T. viscivorus* Linn	séd..	.....	.....	.....	.....	Arbres revêtus de gui, vergers, futaies; vignes à l'automne, prés parfois, l'hiver. Assez commun.
M. Litorne	*T. pilaris* Linn	.....	pér...	.....	.....	Novembre à avril (hivers froids.)	Buissons, d'aubépine surtout, garnis de baies; prairies humides, abritées contre le froid ; grands et moyens arbres en petits massifs ou isolés. Commun dans les hivers froids.

ORDRES, GENRES ET ESPÈCES.		Séd.	PASSAGE Pér.	PASSAGE Accid.	Nich.	ÉPOQUE DU PASSAGE OU DU SÉJOUR.	Lieux d'habitation et degré de rareté.
M. Grive	*T. musicus* Linn.	séd.					Vignes à l'automne, buissons pourvus de baies, arbres garnis de lierre, champs d'asperges, lisière des bois, prairies humides en hiver. Commun.
M. Mauvis	*T. iliacus* Linn.		pér.			Automne, hiver (de sept. en mars.)	Idem. Moins commun que le précédent.
M. à plastron	*T. torquatus* Linn.		pér.		nich.	Idem (septemb. à avril.)	Grandes vignes en automne; plus tard, arbres garnis de lierre, haies pourvues de baies. Le Loroux, Mauves, etc. Pas commun. Ne niche qu'accidentellement.
M. noir	*T. Merula* Linn.	séd.					Bords des vignes, vergers, haies, buissons, genêts vieux, lisière des bois. Commun,
19e GENRE. — BEC-FIN (*Sylvia*) NEY.							
RIVERAINS.							
B. Rousserolle	*S. turdoïdes* Temm.		pér.		nich.	Printemps, été (mi-avril à septemb.)	Joncs (*scirpus lacustris*) et principalement roseaux (*arundo phragmitis*) des rivières et des marais surtout. Saint-Julien, Mazerolle, etc. Assez commun.
B. Locustelle	*S. Locustella* Lath.			accid.		Printemps, automne.	Tué dans une haie, à la Jaunaie, près de Nantes, par M. Th. Péligry. Tué également cette année au Temple, et par nous à Vieillecour, sur les rochers de Mauves, au pied desquels coule la Loire. Très-rare.
B. aquatique	*S. aquatica* Lath.		pér.			Septembre	Grandes herbes, joncs et roseaux des bords marécageux des marais. Saint-Julien, etc. Pas commun.
B. Phragmite	*S. Phragmitis* Bechstein.		pér.		nich.	Printemps, été (d'avril à septemb.)	Grandes herbes et joncs des marais et des rivières; douves herbues, oseraies et haies d'alentour. Commun.
B. Effarvate	*S. arundinacea* Lath.		pér.		nich.	Printemps, été (mai à septembre.)	Grandes herbes des marais, oseraies herbues des bords des rivières. Saint-Julien, Mazerolle, etc. Assez commun.
B. Bouscarle	*S. Cetti* La Marmora.			accid.	nich.	Printemps, été (mai à septembre.)	Grandes herbes des marais, haies fourrées de saules des bords de leurs douves, ou massifs plus élevés et isolés dans lesquels il chante. Il habite surtout l'intérieur des marais et prend difficilement son vol hors des herbes. Saint-Julien. Extrêmement rare.
SYLVAINS.							
B. Rossignol	*S. Luscinia* Lath.		pér.		nich.	Printemps, été (avril à septemb.)	Haies, buissons, massifs, lisière des bois. Assez commun.

ORDRES, GENRES ET ESPÈCES.		Séd.	PASSAGE		Nich.	ÉPOQUE DU PASSAGE OU DU SÉJOUR.	Lieux d'habitation et degré de rareté.
			Pér.	Accid.			
B. à tête noire....... B. Fauvette à tête noire	*S. atricapilla* Lath......	......	pér.	......	nich..	Printemps, été...... (d'avril à septembre.)	Comme le précédent; mais fréquente beaucoup plus que lui les arbres élevés. En août et septembre, les lieux abrités, plantés de sureau. Assez commun.
B. Fauvette..........	*S. hortensis* Lath......	......	pér.	......	nich..	Idem............... (mai à septembre.)	Bosquets, haies, taillis, arbres touffus. Plus avant dans les fourrés que le précédent. Assez commun.
B. Grisette	*S. cinerea* Lath........	......	pér.	......	nich..	Printemps, été...... (avril à septembre.)	Haies, buissons touffus. Très commun.
B. Pitte-Chou	*S. provincialis* Temm...	......	pér.	......	nich..	Hiver et parfois le printemps........	Grandes landes de vieux ajoncs. Landes de la Grammoire, près Nantes, Sautron et le Temple. Rare.
B. Rouge-gorge......	*S. rubecula* Lath	séd...	......	......	......	....	Haies, jardins, vergers, lisière des bois. Commun.
B. Gorge bleue à miroir blanc	*S. cyanecula* Meyer	......	pér.	......	nich..	Printemps, été ..... (fin de mars à sept.)	Plantations et haies de tamarix sur des terrains ou des douves humides, au printemps; plus tard mêmes lieux et salines; oseraies voisines de la Loire. A une course très-rapide le long des berges des douves. Prairies de Montoir, salines du Pouliguen. Pas bien commun.
B. Rouge-queue	*S. Tithys* Lath........	......	pér.	......	......	Hiver .... (novembre en mars.)	Lieux montueux, rochers, grandes carrières, vieux édifices, mâsures et leur voisinage. Carrière de Miséri, le château de Nantes, rochers de Mauves, etc. Pas commun.
B. de murailles.......	*S. phœnicurus* Lath	......	pér.	......	nich..	Printemps, été...... (d'avril à septembre.)	Vergers, voisinage des habitations à murs vieux et à pierres disjointes; ou les champs garnis d'arbres creux, en massifs surtout. Assez commun.
B. à poitrine jaune....	*S. hippolaïs* Lath.......	......	pér.	......	nich..	Printemps, été...... (mai à septembre.)	Lieux boisés, haies fourrées, arbres touffus, dits émondes, voisins de buissons épais. Assez commun.
B. siffleur	*S. sibilatrix* Bechst	......	pér.	......	......	Printemps, été..... (mai à septembre.)	Arbres élevés, forêts; futaies, de hêtres surtout. Bois et futaies de la Meilleraie, de Châteaubriant. Avenue de hêtres près de la Jonnellière. Rare.
B. Pouillot...........	*S. fitis* Bechst.........	......	pér.	......	nich..	Printemps, été...... (mai à septembre.)	Haies, arbres touffus, taillis surtout. Assez commun.
B. véloce............	*S. rufa* Lath..........	séd...	......	......	......	....	Taillis, grands arbres, arbres verts, haies. Assez commun.
B. Natterer	*S. Nattereri* Temm......	......	pér.	......	nich..	Printemps.......... (d'avril à septembre.)	Taillis surtout. Tué souvent à Vallet et à la Haie-Fouacière, dans les propriétés de M. De l'Isle. Tué aussi dans la commune du Temple et à la Meilleraie. Pas rare dans quelques localités, très-rare dans beaucoup d'autres.

Ordres, genres et espèces.		Séd.	Passage		Nich.	Époque du passage ou du séjour.	Lieux d'habitation et degré de rareté.
			Pér.	Accid.			
20e Genre. — ROITELET (*Regulus*) Rai.							
R. ordinaire	*S. Regulus* Lath.		pér.			Automne, hiver (mi-septembre à mars. Quelquefois il niche.)	Haies, ronces, arbres feuillés, fourrés, et surtout arbres verts et ajoncs. Pas très commun.
R. à triple bandeau	*S. ignicapilla* Brehm.		pér.			Id.	Id. Plus commun que le précédent.
21e Genre. — TROGLODYTE (*Troglodytes*) G. Cuv.							
T. ordinaire	*S. Troglodytes* Lath.	séd.					Fourrés, buissons épais, berges crevassées des ruisseaux profonds, hangars et même écuries à toiles d'araignées. Commun.
22e Genre. — TRAQUET (*Saxicola*) Bechst.							
T. Motteux	*S. œnanthe* Mey.		pér.		nich.	Printemps, été (de mars en septemb.)	Terrains découverts, buttés, sablonneux ou d'alluvion; bords pierreux de la Loire. Prairie de Mauves, à son arrivée. Donges, Saint-Nazaire, etc. Pas très commun.
T. Tarier	*S. rubetra* Mey.		pér.		nich.	Printemps, été (avril à septembre.)	Grandes prairies voisines des rivières; après le fauchage, plaines et champs des environs. Très commun.
T. Pâtre ou Rubicole	*S. rubicola* Mey.	séd.					Lieux découverts, bords des grandes routes, landes, bruyères, ajoncs. Commun.
23e Genre. — ACCENTEUR (*Accentor*) Bechst.							
A. Pégot ou des Alpes.	*A. alpinus* Bechst			irrég.		Hiver (novembre à mars.)	Rochers, carrières, vieux édifices garnis de lichens, de mousses ou d'herbes peu élevées. Carrière de Miséri, château de Nantes, rochers de Mauves. Rare.
A. Mouchet	*A. modularis* G. Cuv	séd.					Haies fourrées, buissons, rames en monceaux, etc. Commun.
24e Genre. — BERGERONNETTE (*Motacilla*) Linn.							
B. Yarrell	*M. Yarelli* Ch. Bonaparte.		pér.			Automne, hiver (d'octobre en mars.)	Pâtures et prairies humides, flaques d'eau marécageuses, bords des rivières; champs qu'on laboure. Assez commune.
B. grise	*M. alba* Linn.	séd.					Id. et de plus, les cours, les étangs et les toits des habitations. Commune.

ORDRES, GENRES ET ESPÈCES.		Séd.	PASSAGE		Nich.	ÉPOQUE DU PASSAGE OU DU SÉJOUR.	Lieux d'habitation et degré de rareté.
			Pér.	Accid.			
B. jaune	*M. Boarula* Gmél.		pér.			Automne, hiver (de septemb. en mars, où elle part, ayant rarement sa robe de noces.)	Quais des villes ; bords sablonneux ou pierreux des ruisseaux, des canaux et des rivières ; les bateaux eux-mêmes ; carrières humides ; viviers à pourtour non herbeux ; emplacements boueux. Assez commune sur les bords de la Chésine, sur les quais de Nantes et dans les carrières des environs. Rare à la campagne.
B. printanière	*M. flava* Linn.		pér.		nich.	Printemps, été (d'avril en septemb.)	Grandes prairies découvertes, voisines des rivières et des marais. Commune.
B. Flavéole	*M. Flaveola* Gould.		pér.		nich.	Printemps, été (de mars en septemb.)	Pâtures humides, viviers et flaques d'eau à bords vaseux ; champs qu'on charrue en mars, et sur lesquels elle s'abat en bandes de six à dix. Pas bien commune.
25e GENRE. — PIPIT (*Anthus*) BECHST.							
P. Richard	*A. Richardi* Vieill.			accid.			Plages maritimes. Très-rare.
P. Spioncelle	*A. aquaticus* Bechst.		pér.			Automne, hiver (de novemb. en mars.)	Prairies et pâtures humides, bords des rivières. Saint-Julien. Prairie de Mauves, etc. Pas très-rare.
P. obscur ou maritime.	*A. obscurus* Pennant.		pér.			Automne, hiver (de novemb. en mars.)	Prairies humides ou marécageuses ; bords des rivières, des canaux, de la mer. Donges, le Pouliguen. Saint-Julien, prairie de Mauves. Pas commun.
P. Rousseline	*A. rufescens* Temm.		pér.		nich.	Printemps, été (d'avril en septemb.)	Champs élevés, sablonneux, dunes de sable. Environs de Saint-Nazaire, du Pouliguen ; trouvé par M. Péligry plusieurs années de suite et toujours dans un seul et même champ, route de Clisson, près de la lande de la Grammoire, à l'automne. Assez commun.
P. Farlouse	*A. pratensis* Bechst.	séd.					Pâturages, prairies, landes, champs humides, etc. Commun.
P. des buissons	*A. arboreus* Bechst.		pér.		nich.	Id.	Champs de blé, pâtures herbues, trèfles, etc., entourés d'arbres sur lesquels il se pose ; sous les grandes futaies, dans les fortes chaleurs. Assez commun.
P. à gorge rousse	*A. rufogularis* Brehm.			accid.		Mars.	Lieux humides. Plusieurs ont été tués, cette année, par M. Péligry, dans des oseraies, près de Trentemoult.

ORDRES, GENRES ET ESPÈCES.		Séd.	PASSAGE Pér.	Accid.	Nich.	ÉPOQUE DU PASSAGE OU DU SÉJOUR.	Lieux d'habitation et degré de rareté.
ORDRE QUATRIÈME.							
Granivores (*Granivores*).							
26e Genre. — ALOUETTE (*Alauda*) Linn.							
A. Cochevis	*A. cristata* Linn	séd.					Terrains sablonneux, grandes routes et champs voisins, bords des plaines où la verdure n'est pas continue. Bordure nord des plaines de Montoir, etc. Pas très commune. Pas en bandes.
A. des champs	*A. arvensis* Linn	séd.					Champs, labours, pâtures et prairies. Commune. En grandes bandes, l'automne et l'hiver.
A. Lulu	*A. arborea* Linn	séd.					Terrains secs, champs, vignes. Commune. En petites bandes, l'hiver. Perche.
A. Calendrelle ou à doigts courts	*A. brachydactyla* Leisler		pér.		nich.	Printemps, été (d'avril en septemb.)	Plaines et dunes de sable. Le Pouliguen, Escoublac. (Noirmoutier surtout, Vendée.) Pas commune.
27e Genre. — MÉSANGE (*Parus*) Linn.							
SYLVAINS.							
M. Charbonnière	*P. major* Linn	séd.					Jardins, vergers, chênes conservant leurs feuilles sèches l'hiver, futaies, arbres verts. Commune.
M. Petite-Charbonnière	*P. ater* Linn		pér.			Hiver (novembre à mars.)	Id. Arbres verts surtout. La Seilleraie, Boisbriant, etc. Pas commune.
M. bleue	*P. cœruleus* Linn	séd.					Id. et peupliers, saules en châtons. Commune.
M. huppée	*P. cristatus* Linn	séd.					Grands arbres, futaies, mais surtout arbres verts. Les propriétés à arbres verts, la Seilleraie, les Folies-Chaillou, etc. Rare.
M. Nonnette	*P. palustris* Linn	séd.					Comme la bleue et la Charbonnière, avec lesquelles elle est souvent. Assez commune.
M. à longue queue	*P. caudatus* Linn	séd.					Haies, arbres, taillis, etc. En automne et en hiver, elle forme souvent une bande composée de la nichée. Assez commune.
RIVERAINS.							
M. Moustache	*P. biarmicus* Linn			accid.		Printemps, automne.	Joncs et roseaux des marais et des grands étangs. Tuée une fois dans les marais de Saint-Julien. Extrêmement rare.

ORDRES, GENRES ET ESPÈCES.		Séd.	PASSAGE		Nich.	ÉPOQUE DU PASSAGE OU DU SÉJOUR.	Lieux d'habitation et degré de rareté.
			Pér.	Accid.			
28e Genre. — BRUANT (*Emberiza*) Linn.							
B. jaune	*E. citrinella* Linn	séd.				....	Champs et prairies artificielles récemment ensemencés ; jachères à herbes grainues ; haies ; cours et paillers des fermes, l'hiver. Commun, mais moins qu'autrefois.
B. Proyer	*E. miliaria* Linn.		pér.		nich.	Printemps, été...... (mars à septembre.)	Champs semés d'orge, en mars ; grandes prairies des rivières et plus tard les champs des environs. Prairies de Mauves, de Montoir, etc. Assez commun.
B. de roseaux	*E. schœniculus* Linn	séd.				....	Lieux humides plantés de graminées longues, de joncs ou de roseaux ; marais, bords des rivières, clairières de certains bois. Mazerolle, Saint-Julien, etc. Commun.
B. Ortolan	*E. hortulana* Linn		pér		nich.	Printemps, été...... (mai à septembre.)	Grandes vignes des terrains élevés, voisines des rivières. Mauves, le Loroux, etc. Pas très-commun. Il diminue.
B. Zizi ou de haie	*E. cirlus* Linn	séd.				....	Champs peu humides, sablonneux ou pierrailleux, haies. Assez commun.
B. Fou ou de pré	*E. cia* Linn			accid.		Automne..........	Deux ont été pris aux filets, à la Contrie, près de Nantes, et remis à M. Péligry. Extrêmement rare.
B. de neige	*E. nivalis* Linn			accid.		Hiver..............	Bords de la mer. Très-rare.
29e Genre. — BEC-CROISÉ (*Loxia*) Briss.							
B. commun ou des pins	*L. curvirostra* Linn		pér			Automne, hiver...... (d'octobre à mars, rarement l'été.)	Grands arbres verts, pins, mélèzes et cyprès ; pommiers, dont ils broyaient la pulpe des fruits pour atteindre les pépins, quand ils sont venus en nombre considérable fondre sur nos contrées en 1838. Propriétés d'arbres verts où ils sont en petites bandes. Pas très-commun.
B. Leucoptère	*L. Leucoptera* Gmel			accid.		....	Pris une fois dans les arbres verts du cimetière de Miséricorde, à Nantes. Vu par M. Th. Péligry. Ne s'était-il pas échappé d'une volière ? Extrêmement rare.
30e Genre. — BOUVREUIL (*Pyrrhula*) Briss.							
B. commun	*P. vulgaris* Temm		pér		nich.	D'octobre en mars... (quelques-uns restent)	Haies fourrées, buissons de ronces ; vergers, cerisiers, pruniers et amandiers, en mars. Assez commun à son arrivée ; mais pas tous les ans.
31e Genre. — GROS-BEC (*Fringilla*) Illig.							
G. vulgaire	*F. coccothraustes* Temm.	séd.				....	Vergers ; cerisiers, hêtres, charmes, futaies. Pas bien rare certaines années dans la banlieue de Nantes.

ORDRES, GENRES ET ESPÈCES.		Séd.	PASSAGE		Nich.	ÉPOQUE DU PASSAGE OU DU SÉJOUR.	Lieux d'habitation et degré de rareté.
			Pér.	Accid.			
G. Verdier	*F. chloris* Temm	séd					Vignes, champs à mercuriale et à navets ; haies et grands arbres des prairies ; en hiver, les lieux où sont déposés les pepins et le marc de pommes et surtout de raisins. Assez commun.
G. Soulcie	*F. petronia* Linn			accid.		Automne, hiver	Deux ou trois seulement ont été pris aux filets dans les environs de Nantes. Très-rare.
G. Moineau	*F. domestica* Linn	séd					Voisinage des habitations, haies des champs ensemencés, villes et campagne. Très-commun.
G. Friquet	*F. montana* Linn	séd					Haies des lieux frais, saulaies ; bords des champs cultivés, rarement autour des habitations, si ce n'est en hiver. Bien moin commun que le moineau. En bandes comme lui.
G. Serin ou Cini	*F. Serinus* Linn			accid.	nich.	Hiver (de novemb en mars.)	Habite avec les tarins les aunaies vieilles des ruisseaux et des rivières, les peupliers et les champs à senneçon où il a été pris plusieurs fois aux filets. Il a même niché à Gigant dans un jardin de M. Péligry. Le sujet de notre collection vient de Doulon, où il a été capturé dans un champ de senneçon avec des tarins et des chardonnerets. Très-rare.
G. Pinson	*F. cœlebs* Linn	séd					Jardins, vergers ; en hiver, cours des habitations, aires à battre les céréales, champs cultivés, jachères grainues. Commun, mais moins qu'autrefois.
G. des Ardennes	*F. montifringilla* Linn		pér			Hivers froids (de novemb. en mars)	Jachères riches en graines. Pas commun.
G. Linotte	*F. cannabina* Linn	séd					Vignes, ajoncs, champs de lin, de navets, de choux, etc., atteignant ou ayant atteint leur maturité. En bandes, l'automne et l'hiver. Commun.
G. Tarin	*F. spinus* Linn		pér			Automne, hiver (d'octobre en mars.)	Lieux plantés d'aunes vieux ; peupliers bourgeonnants à la fin de l'hiver ; champs de senneçon. En bandes. Pas très-rare.
G. Sizerin	*F. linaria* Linn			acc		Idem	Comme le Tarin. A été pris aux filets auprès du Pont-du-Cens et ailleurs. Très-rare.
G. Chardonneret	*F. Carduelis* Linn	séd					Jardins, vergers, lieux garnis de chardons, de senneçon : peupliers, etc. En petites bandes l'automne et l'hiver. Commun.

Ordres, genres et espèces.		Séd.	Passage: Pér.	Passage: Accid.	Nich.	Époque du passage ou du séjour.	Lieux d'habitation et degré de rareté.
Ordre cinquième. Zygodactyles (*Zygodactyli*).							
32ᵉ Genre. — COUCOU (*Cuculus*) Linn.							
C. gris. / C. roux.	*C. canorus* Linn.	.....	pér.	.....	Ne fait pas de nid ; dépose ses œufs, un par un, dans les nids des autres oiseaux.	Printemps, été...... (d'avril en août.)	Les futaies, les grands arbres, et de préférence ceux qui sont isolés ; les branches mortes de leurs cimes ; haies à chenilles velues. La femelle se voit souvent au printemps guettant et cherchant sur les haies, dans les vergers, etc. ; se réfugie le soir dans les futaies. Assez commun.
33ᵉ Genre. — PIC (*Picus*) Linn.							
P. vert	*P. viridis* Linn.	séd...	.....	.....	.....	....	Futaies âgées ; grands chênes et grands châtaigniers surtout ; les fourmilières, l'hiver ; souvent les pâtures au printemps. Jonellière, Chapelle-sur-Erdre, Maubreuil, etc. Assez commun ; mais l'espèce diminue.
P. cendré	*P. canus* Gmel.	.....	.....	accid.	.....	Hiver.............. (de novemb. à mars)	Forêts à futaies élevées, vieux arbres. Le sujet de notre collection vient des environs de Nort. Un autre a été tué au Gâvre. Extrêmement rare.
P. Epeiche	*P. major* Linn.	séd...	.....	.....	.....	....	Vieilles futaies. Grands chênes et grands châtaigniers à cimes mortes, sur lesquelles il se repose et observe les alentours ; vergers et vieilles coudraies. Pas très-commun. Il diminue.
P. Mar	*P. medius* Linn.	.....	.....	accid.	.....	....	Idem. Vu par M. Th. Péligry dans les hauts bois de Grillaut, où il nichait. Extrêmement rare.
P. Epeichette	*P. minor* Linn.	séd...	.....	.....	.....	....	Comme l'Epeiche. Recherche, surtout au printemps, les branches sèches et très-élevées, sur lesquelles il frappe des coups de bec si bien appliqués et répétés avec tant de rapidité, qu'il en résulte un roulement extrêmement sonore et vraiment étonnant qui s'entend à de grandes distances. Ce roulement, interrompu de temps en temps, dure parfois des heures entières. Le Pic-Epeiche fait comme son tout petit parent, mais pas mieux. Pas commun. Il diminue.

ORDRES, GENRES ET ESPÈCES.		Séd.	PASSAGE		Nich.	ÉPOQUE DU PASSAGE OU DU SÉJOUR.	Lieux d'habitation et degré de rareté.
			Pér.	Accid.			
34e GENRE. — TORCOL (*Yunx*) LINN.							
T. ordinaire	*Y. torquilla* Linn.		pér.		nich.	Printemps, été (d'avril en septembre)	Terrains peu humides ; arbres touffus des haies, vergers, arbres isolés ombreux, lisière des taillis. Pas très-rare.
ORDRE SIXIÈME.							
Anisodactyles (*Anisodactyli*).							
35e GENRE. — SITTELLE (*Sitta*) LINN.							
S. Torchepot	*S. europæa* Linn.	séd.					Massifs d'arbres élevés, grandes futaies surtout. Jouellière, Chapelle-sur-Erdre, Maubreuil, etc. Pas très-commune.
36e GENRE. — GRIMPEREAU (*Certhia*) LINN.							
G. familier	*C. familiaris* Linn.	séd.					Arbres grands et petits, vieux, à écorce raboteuse ou moussue. Assez commun.
37e GENRE. — TICHODROME (*Tichodroma*) ILLIG.							
T. Echelette ou Grimpereau de murailles	*T. phœnicoptera* Temm.			accid.		Hiver	Grands et vieux édifices, rochers élevés. Rochers de Mauves, tour d'Oudon, le Château et Saint-Pierre de Nantes, dans l'intérieur duquel il a été pris. Très-rare.
38e GENRE. — HUPPE (*Upupa*) LINN.							
H. Puput	*U. Epops* Linn.		pér.		nich.	Printemps, été (d'avril à septembre.)	Terrains en pente, en partie découverts, voisins de lieux humides, plantés de grands arbres creux. Bords de l'Erdre, de la vallée de Saint-Julien, etc. Pas très-commune. Elle diminue.
ORDRE SEPTIÈME.							
Alcyons (*Alcyones*).							
40e GENRE. — MARTIN-PÊCHEUR (*Alcedo*) LINN.							
M. pêcheur Alcyon	*A. ispida* Linn.	séd.					Bords boisés des rivières, des canaux, des ruisseaux et des étangs. Niche dans les trous de leurs berges. Pas très-commun. L'espèce diminue.

ORDRES, GENRES ET ESPÈCES.		Séd.	PASSAGE Pér.	PASSAGE Accid.	Nich.	ÉPOQUE DU PASSAGE OU DU SÉJOUR.	Lieux d'habitation et degré de rareté.
ORDRE HUITIÈME.							
Chélidons (*Chelidones*).							
41e GENRE. — HIRONDELLE (*Hirundo*) LINN.							
H. de cheminée.......	*H. rustica* Linn........	.....	pér...	.....	nich..	Printemps, été...... (de mars à octobre.)	Bien plus la campagne que la ville. Vallées coupées de canaux, bords des rivières ou des étangs, champs, prairies surtout ; le long des rochers abrités, quand l'air se refroidit. Commune.
H. de fenêtre........	*H. urbica* Linn........	.....	pér...	.....	nich..	Printemps, été...... (d'avril en septemb.)	Presque uniquement la ville. Bords des rivières, prairies environnantes, etc. Bâtit aux fenêtres ou sous les corniches. Moins commune que la précédente.
H. de rivage.........	*H. riparia* Linn........	.....	pér...	.....	nich..	Idem.	Bord des rivières, leurs berges escarpées et terreuses dans les trous desquelles elle niche, îles et prairies voisines. Berges argileuses des vignes du Cellier, etc. Assez commune.
42e GENRE. — MARTINET (*Cypselus*) ILLIG.							
M. de muraille........	*C. murarius* Temm.....	.....	pér...	.....	nich..	Printemps, été...... (de mai à août.)	Hauts et vieux édifices, leurs alentours ; prairies et rivières, etc., qu'il parcourt d'un vol plus élevé que l'hirondelle. Les jeunes se réunissent dans les belles soirées et se livrent à des jeux et à des passes infinis, en poussant des cris aigus. Le Château, Saint-Pierre, etc. Pas très-commun.
ENGOULEVENT (*Caprimulgus*) LINN.							
E. ordinaire..........	*C. europœus* Linn......	.....	pér...	.....	nich..	Printemps, été...... (mai à septembre.)	Grands bois taillis, parsemés de baliveaux, d'avenues en futaies, voisins de pâtures ou de champs frais. Se cache le jour dans les bouées touffues dont il ne sort qu'au crépuscule. Tailles de Maubreuil, de la Seilleraie, etc. Pas commun.

ORDRES, GENRES ET ESPÈCES.		Séd.	PASSAGE		Nich.	ÉPOQUE DU PASSAGE OU DU SÉJOUR.	Lieux d'habitation et degré de rareté.
			Pér.	Accid.			
ORDRE NEUVIEME.							
Pigeons (*Columbæ*).							
44e GENRE. — COLOMBE (*Columba*) LINN.							
C. Ramier	*C. Palumbus* Linn	séd.					Terrains boisés, plantés de hêtres; futaies, arbres verts, champs cultivés. Maubreuil, la Seilleraie, environs de Châteaubriant, etc. Pas très-commun.
C. Colombin	*C. Œnas* Temm		pér.			Hiver (de novemb. en mars)	Même habitat. Moins commun.
C. Tourterelle	*C. Turtur* Linn		pér.		nich.	Printemps, été (d'avril à octobre.)	Taillis élevés; terrains entourés ou parsemés de grands arbres; labours, champs à céréales, à mercuriale, etc. Assez commune encore; mais elle diminue.
ORDRE DIXIEME.							
Gallinacés (*Gallinæ*).							
45e GENRE. — FAISAN (*Phasianus*) LINN.							
F. vulgaire	*Ph. colchicus* Linn	séd.					Bois de la Bretêche, où ils vivent comme dans les forêts de l'Etat.
46e GENRE. — TETRAS (*Tetrao*) LINN.							
T. Gélinotte	*T. bonasia* Linn			accid.		Hiver	Tué près de Nort dans le long et rude hiver de 1830. Vu monté chez un notaire de l'endroit. Extrêmement rare.
48e GENRE. — PERDRIX (*Perdix*) BRISS.							
P. rouge	*P. rubra* Briss	séd.					Lieux secs, élevés, champs rocailleux, vignes surtout. Vignes des bords de la Loire, etc. Diminue chaque année. Beaucoup moins commune qu'autrefois.

ORDRES, GENRES ET ESPÈCES.		Séd.	PASSAGE Pér.	PASSAGE Accid.	Nich.	ÉPOQUE DU PASSAGE OU DU SÉJOUR.	Lieux d'habitation et degré de rareté.
P. grise............	*P. cinerea* Briss........	séd...	.....	.....	.....	....	Terrains plats, champs cultivés, chaumes, trèfles, jeunes taillis, plaines, landes ; marais et îles dans les sécheresses. (La petite grise, dite Roquette ou perdrix de passage, *P. Damascena* Lath., se voyait jadis autour de la forêt du Cellier.) Plus abondante que la rouge, quoiqu'elle diminue chaque année comme elle.
CAILLE (*Coturnix*) MOEHRING.							
C. ordinaire..........	*Perdix Coturnix* Lath...	.....	pér...	.....	nich..	Printemps, été...... (d'avril à octobre.) Quelques jeunes se voient en hiver.	Prairies, blés, pâturages herbus, champs de sarrasin, de chaume, de mercuriale, etc. Pas bien commune. Diminue sensiblement.
ORDRE ONZIEME.							
Alectorides (*Alectorides*).							
50e GENRE. — GLARÉOLE (*Glareola*) BRISS.							
G. à collier..........	*G. torquata* Mey.......	.....	.....	accid.	.....	Mars...............	Pâtures et prairies marécageuses à flaques d'eau. Tuée deux fois, pendant de grandes inondations, sur les pâtures de Saint-Julien-de-Concelles, où elle se tenait sur le bord de l'eau avec des Bécasseaux. Extrêmement rare.
ORDRE DOUZIEME.							
Coureurs (*Cursores*).							
51e GENRE. — OUTARDE (*Otis*) LINN.							
O. Barbue...........	*O. tarda* Linn.........	.....	.....	accid.	.....	Hiver...............	Tuée à Plessé, dans un champ de navets, et ailleurs. Extrêmement rare.
O. Canepetière........	*O. Tetrax* Linn........	.....	pér..	.....	.....	Automne, hiver..... (octobre à mars.)	Lieux secs et arides. Tuée à Cuette, en Couffé, près de Machecoul et de Challans (Vendée). Rare.

ORDRES, GENRES ET ESPÈCES.		Séd.	PASSAGE		Nich.	ÉPOQUE DU PASSAGE OU DU SÉJOUR.	Lieux d'habitation et degré de rareté.
			Pér.	Accid.			
ORDRE TREIZIÈME.							
Gralles (*Grallatores*).							
53e GENRE. — OEDICNÈME (*Œdicnemus*) TEMM.							
OE. criard	*OE. crepitans* Temm.		pér.			Automne, hiver (d'octobre à mars.)	Terrains élevés, sablonneux ou pierreux, incultes. Dunes d'Escoublac, du Pouliguen, landes de Sautron, environs de Machecoul, etc. Rare.
54e GENRE. — SANDERLING (*Calidris*) ILLIG.							
S. variable	*C. arenaria* Illig.		pér.			Autom., hiv., print. (de sept. en mai.)	Plages maritimes et parfois les pâtures de Saint-Julien. Pas commun.
55e GENRE. — ECHASSE (*Himantopus*) BRISS.							
E. à manteau noir	*H. melanopterus* Mey.			accid.		Printemps (avril.)	Prairies et pâtures marécageuses, à flaques d'eau. Saint-Julien, Basse-Goulaine, Grand-Lieu. Très-rare.
56e GENRE. — HUITRIER (*Hœmatopus*) LINN.							
H. Pie	*H. ostralegus* Linn.	séd.					Rochers et rivages de la mer. Pas très-commun.
57e GENRE. — PLUVIER (*Charadrius*) LINN.							
P. doré	*C. pluvialis* Linn.		pér.			Automne, hiver (octobre à avril.)	Grandes prairies, grandes pâtures découvertes et humides. Montoir, Grande-Brière, etc. Moins commun qu'autrefois.
P. Guignard	*C. morinellus* Linn.		pér.			Été, automne (juillet à octobre)	Idem. Pâtures de Saint-Julien, de Montoir, le Pouliguen, etc. Pas commun.
P. (grand) à collier	*C. hiaticula* Linn.	séd.					Bords des rivières et leurs grèves; plages maritimes. Bords fangeux de la Loire, à Donges, etc. Commun.
P. (petit) à collier	*C. minor* Mey.		pér.		nich.	Printemps, été (mai à octobre.)	Bords sablonneux de la mer et grèves de la Loire, à Mauves, Thouaré, etc. Bien moins commun que le précédent.
P. à collier interrompu	*C. cantianus* Lath.		pér.		nich.	Idem	Comme le Petit-Pluvier, et quelquefois Saint-Julien. Peu commun.

ORDRES, GENRES ET ESPÈCES.		Séd.	PASSAGE Pér.	PASSAGE Accid.	Nich.	ÉPOQUE DU PASSAGE OU DU SÉJOUR.	Lieux d'habitation et degré de rareté.
58e GENRE. — VANNEAU (*Vanellus*) LINN.							
V. Pluvier	*V. melanogaster* Bechst.		pér.			Hiver, printemps... (de novembre à avril.)	Bords fangeux de la Loire, pâtures marécageuses, bords de la mer. Saint-Julien, Donges, etc. Pas bien commun.
V. huppé	*V. cristatus* Mey	séd.					Grandes pâtures et prairies humides, à herbe courte. Montoir, la Brière où il niche, etc. Commun en mars. L'espèce diminue sensiblement.
59e GENRE. — TOURNE-PIERRE (*Strepsilas*) ILLIG.							
T. à collier	*S. collaris* Temm	séd.					Bords de la Loire, bords de la mer et surtout les salines, dont il dégrade les chaussées avec le bec, au mois de mai. Par petites bandes. Salines de Batz, du Pouliguen. Pas très-commun.
60e GENRE. — GRUE (*Grus*) LINN.							
G. cendrée	*G. cinerea* Mey			accid.		Hiver	Plaines marécageuses, marais, fange du bas de la Loire. Grand-Lieu, Saint-Julien, etc. Très-rare.
61e GENRE. — CIGOGNE (*Ciconia*) LINN.							
C. blanche	*C. alba* Briss			accid.		Printemps, automne.	Comme la précédente. Très-rare.
C. noire	*C. nigra* Bechst.			accid.		Automne, printemps.	Idem. Les deux de notre collection ont été tuées à Saint-Julien, l'une en septembre, et l'autre en avril, ayant son plumage de noces.
62e GENRE. — HÉRON (*Ardea*) LINN.							
H. cendré	*A. cinerea* Lath	séd.					Marais, grèves des rivières, plaines à douves ou à flaques d'eau marécageuses. Perche sur les grands arbres, à la cime desquels il fait sentinelle. Grand-Lieu, Saint-Julien, Mazerolle, etc. Pas très-commun. Diminue.
H. pourpré	*A. purpurea* Linn		pér.		nich.	Printemps, été (mai à septembre)	Idem. Assez rare.
H. Aigrette	*A. Egretta* Mey			accid.		Printemps	Marais et leurs environs humides, oseraies. Saint-Julien, où il a été vu. Extrêmement rare.

ORDRES, GENRES ET ESPÈCES.		Séd.	PASSAGE Pér.	PASSAGE Accid.	Nich.	ÉPOQUE DU PASSAGE OU DU SÉJOUR.	Lieux d'habitation et degré de rareté.
H. Aigrettoïde?	*A. Egrettoïdes* Temm.			accid.		Printemps	A été tué sur la prairie de Mauves, près de Nantes.
H. Garzette	*A. Garzetta* Linn			accid.		Idem	Marais, etc. Saint-Julien. M. Péligry a vu en chair cette espèce et l'Aigrette, tuées aux environs de Nantes. Extrêmement rare.
H. Grand-Butor	*A. stellaris* Linn	séd.					Intérieur des marais, leurs douves et leurs bords fourrés. Mazerolle, Saint-Julien, la Brière, etc. Pas très-commun. Il diminue sensiblement.
H. Crabier	*A. ralloïdes* Scopoli		pér.		nich.	Printemps, été (mai à septembre.)	Idem. Pont-Saint-Martin, Grand-Lieu, Erdre, etc. Rare.
H. Blongios	*A. minuta* Linn		pér.		nich.	Id (avril à septembre.)	Marais, leurs douves et leurs bords garnis de massifs ou de haies de saules, oseraies fourrées. Saint-Julien, Erdre, etc. Pas commun.
63e GENRE. — NYCTICORAX (*Nycticorax*) G. Cuv.							
N. Bihoreau à manteau noir	*N. ardeola* Temm			accid.		Printemps (mai.)	Joncs et roseaux des marais, du lac. Saint-Julien, la Brière, Grand-Lieu, etc. Extrêmement rare.
65e GENRE. — AVOCETTE (*Recurvirostra*) LINN.							
A. à nuque noire	*R. Avocetta* Linn			accid.		Idem (mars, avril.)	Bords de la Loire, prairies, pâtures marécageuses. Basse-Goulaine, Saint-Julien, etc. Très-rare.
66e GENRE. — SPATULE (*Platalea*) LINN.							
S. blanche	*P. leucordia* Linn		pér.			Printemps, automne (avril, sept., octob.)	Bords fangeux de la Loire, à son embouchure, plaines marécageuses ayant des canaux ou de grandes flaques d'eau. Montoir, Donges, la Brière, etc. En petites bandes. Pas très-commune.
67e GENRE. — IBIS (*Ibis*) G. Cuv.							
I. Falcinelle	*I. Falcinellus* Vieill			accid.		Printemps (mars, avril.)	Grandes prairies et pâtures humides. Saint-Julien, où a été tué celui de notre collection avec quelques autres de la même bande qui était peu nombreuse. Extrêmement rare.

ORDRES, GENRES ET ESPÈCES.		Séd.	PASSAGE		Nich.	ÉPOQUE DU PASSAGE OU DU SÉJOUR.	Lieux d'habitation et degré de rareté.
			Pér.	Accid.			
68e GENRE. — COURLIS (*Numenius*) LINN.							
C. cendré	*N. arquata* Linn	séd.					Bords fangeux du bas de la Loire, grandes prairies humides. Montoir, Basse-Goulaine, etc. Moins commun qu'autrefois.
C. Corlieu	*N. phæopus* Lath		pér.		nich.	Printemps, été (avril à septembre.)	Iles et grandes prairies du bas de la Loire, où il niche. Bords de la mer, Montoir, etc. Commun.
C. à bec grêle	*N. tenuirostris* Vieill			accid.		Printemps	Bas de la Loire. Extrêmement rare.
69e GENRE. — BÉCASSEAU (*Tringa*) BRISS.							
B. Cocorli	*T. subarcuata* Temm		pér.			Printemps (mars à juin.)	Bords des flaques d'eau des grandes prairies ou pâtures humides et marécageuses ; bords vaseux de la mer et de la Loire. Saint-Julien, etc. Rare, surtout en noces.
B. variable ou Brunette.	*T. variabilis* Mey	séd.					Bords fangeux de la Loire. Plages de la mer. Donges et Montoir, etc. En bandes nombreuses.
B. Platyrhinque	*T. Platyrhinca* Temm		pér.			Printemps (mars à mi-mai.)	Même habitat. Rare.
B. Violet	*T. maritima* Brunnick		pér.			Automne, hiver (d'octobre en mars.)	Bords rocheux de la mer. Rare.
B. Temmia	*T. Temminckii* Leisl		pér.			Printemps (de mars en mai.)	Plages maritimes, grèves et bords de la Loire ; flaques d'eau à pourtour marécageux. Saint-Julien. Rare.
B. Echasse	*T. minuta* Leisl		pér.			Printemps, automne (avril et septembre.)	Idem. Saint-Julien, le Croisic, etc. Rare.
B Canut ou Maubèche.	*T. Canutus* Linn		pér.			Hiver, printemps (de novemb. à mai.)	Bords de la mer et de la Loire ; grandes flaques d'eau marécageuses, grèves. Thouaré, Saint-Julien, grande côte du Pouliguen, etc. Rare.
70e GENRE. — COMBATTANT (*Machetes*) G. CUV.							
C. variable	*M. pugnax* G. Cuv		pér.		nich.	Printemps, été (mars à septembre, quelquefois en hiv.)	Bords de la Loire et pâtures marécageuses, parfois ; mais surtout la Grande-Brière, où il niche. Les mâles sont en petites bandes et se battent à outrance sur le bord des canaux ; ils partent dès l'éclosion des petits qui sont élevés par la mère. Saint-Joachim, Crossac, etc. Pas très-commun. Il diminue.

ORDRES, GENRES ET ESPÈCES.		Séd.	PASSAGE		Nich.	ÉPOQUE DU PASSAGE OU DU SÉJOUR.	Lieux d'habitation et degré de rareté.
			Pér.	Accid.			
71e GENRE. — CHEVALIER (*Totanus*) BECHST.							
C. Arlequin	*T. fuscus* Leisl		pér.			Hiver, printemps (novembre à avril.)	Bords des rivières, des marais ; pourtour des mares des grandes pâtures marécageuses pendant les inondations. Saint-Julien, environs de Machecoul, etc. Pas commun.
C. Gambette	*T. calidris* Bechst		pér.		nich.	Fin d'hiver, printemps. (mars à juil. Il en reste)	Bords de la mer et de la Loire, grandes plaines, grandes prairies humides du bas de la Loire et de la Brière, où il niche. Commun.
C. Cul-Blanc	*T. ochropus* Temm		pér.			Automne, hiver (sept. à avril.)	Mares, flaques d'eau douce ; bords des canaux, des ruisseaux, etc. Pas commun.
C. Sylvain	*T. Glareola* Temm		pér.			Automne, hiver (de sept. en avril.)	Bords boisés de la Loire ; flaques d'eau de Saint-Julien, Saint-Sébastien, etc. Pas commun.
C. Guignette	*T. hypoleucos* Temm		pér.		nich.	Printemps, été (avril à septembre.)	Bords et grèves de la Loire. Bords de la prairie de Mauves, etc., surtout en juillet et août. Il diminue.
C. Aboyeur	*T. glottis* Bechst		pér.			Printemps (mars, avril.)	Plages maritimes, bords de la Loire, terrains découverts, à marécages ou à flaques d'eau. Donges, Saint-Julien, etc. Peu commun.
72e GENRE. — BARGE (*Limosa*) BRISS.							
B. à queue noire	*L. melanura* Leisl		pér.			Printemps (de mars à mai.)	Bords fangeux de la Loire, des marais ; flaques d'eau à pourtour marécageux. Montoir, environs de Machecoul, etc. Assez commune.
B. rousse	*L. rufa* Briss		pér.			Id.	Comme la précédente. Bien plus rare qu'elle.
73e GENRE. — BÉCASSE (*Scolopax*) LINN.							
B. ordinaire	*S. rusticola* Linn		pér.			Automne, hiver (fin d'octob. à mars.)	Le jour, forêts, grands bois âgés de plusieurs années et peu herbeux, leurs lisières surtout ; la nuit, lieux marécageux, où elle va *vérotter* au crépuscule, et qu'elle ne quitte qu'à l'aube. Moins commune qu'autrefois.
BÉCASSINE.							
B. double	*S. major* Gmel			accid.		Automne	Marais. Extrêmement rare.
B. ordinaire	*S. gallinago* Linn		pér.		nich.	Automne, hiver (de septemb. en mars. Il en reste qui nichent.)	Marais et pâtures marécageuses. Marais de l'Erdre, de Saint-Julien, Grande-Brière où elle niche. Commune en automne et en hiver, mais moins qu'autrefois.
B. Sabine?	*S. Sabinii?* Vigors.						

ORDRES, GENRES ET ESPÈCES.		Séd.	PASSAGE Pér.	Accid.	Nich.	ÉPOQUE DU PASSAGE OU DU SÉJOUR.	Lieux d'habitation et degré de rareté.
B. sourde	*S. gallinula* Linn.		pér.			Automne, hiver (octobre en mars.)	Marais, etc.; et lors des hivers rigoureux, elle se trouve dans les canaux très-étroits et non congelés des prairies bourbeuses voisines des marais. Pas très-commune.
74e Genre. — RALE (*Rallus*) Linn.							
R. d'eau	*R. aquaticus* Linn.		pér.			Idem. (d'octobre en mars.)	Bords des marais, des douves, des ruisseaux, leurs fourrés surtout. Poursuivi par les chiens, il perche et reste immobile à l'approche du chasseur. Marais de Mauves, aunées fourrées qui le bordent; boires (1) de la Chapelle-Basse-Mer, etc. Pas très-commun. Il diminue.
75e Genre. — POULE D'EAU (*Gallinula*) Lath.							
P. de genêts	*G. Crex* Lath.		pér.		nich.	Printemps, été (mai à octobre.)	Au printemps, grandes prairies et îles de la Loire, quelquefois prés des champs et céréales qui les entourent; plus tard, vignes, genêts, taillis, etc. Il diminue.
P. Marouette	*G. porzana* Lath.		pér.		nich.	Idem.	Joncs, roseaux et herbes serrées des marais; Mazerolle, Saint-Julien, Grand-Lieu, etc. Pas commune.
P. Poussin?	*G. pusilla* Mey.						
P. Baillon	*G. Baillonii* Temm.		pér.		nich.	Printemps, été (mai à octobre.)	Joncs, roseaux et herbes serrées des marais; Mazerolle, Saint-Julien, etc. Pas commune.
P. ordinaire	*G. chloropus* Lath.	séd.				Au printemps, il en arrive d'étrangères qui nichent.	Idem. Et de plus : broussailles des marais, des étangs, des douves touffues; houées de saules basses où elle se repose et niche parfois. Prend difficilement son vol, plonge et ne reparaît plus. Mazerolle, Saint-Julien, boires de la Chapelle-Basse-Mer. Moins commune qu'autrefois.
ORDRE QUATORZIÈME. Pinnatipèdes (*Pinnatipedes*).							
77e Genre. — FOULQUE (*Fulica*) Linn.							
F. Macroule	*F. atra* Linn.	séd.				Idem.	Intérieur des marais; grandes douves, canaux à herbes élevées et serrées. Prend rarement son vol deux fois, plonge et ne paraît plus. Moins commune qu'autrefois.
78e Genre. — PHALAROPE (*Phalaropus*) Briss.							
P. hyperboré?	*P. hyperboreus* Lath.						

(1) Expression locale désignant des flaques d'eau étroites, plus ou moins longues, parfois assez profondes, placées dans les terrains d'alluvion de la Loire, en amont de Nantes.

ORDRES, GENRES ET ESPÈCES.		Séd.	PASSAGE Pér.	PASSAGE Accid.	Nich.	ÉPOQUE DU PASSAGE OU DU SÉJOUR.	Lieux d'habitation et degré de rareté.
P. Platyrhinque.......	*P. Platyrhincus* Temm..	.....	.....	accid.	....	Hiver.............. à la suite des tempêtes	Plages maritimes et parfois les pâtures de Saint-Julien. Très-rare.
79e GENRE. — GRÈBES (*Podiceps*) LATH.							
G. huppé............	*P. cristatus* Lath.......	séd...	.....	......	....	....	Rivières, marais, lac, bords de la mer; se voit pendant les grands froids surtout. Pas commun; de plus en plus rare.
G. Jou-gris..........	*P. rubricollis* Lath.....	.....	.....	accid.	....	Hiver, printemps....	Bords de l'Océan, les marais. Très-rare.
G. Cornu............	*P. cornutus* Lath.......	.....	.....	accid.	....	Idem...............	Idem.
G. Oreillard..........	*P. auritus* Lath........	séd...	.....	......	....	....	Comme le G. huppé.
G. Castagneux........	*P. minor* Lath.........	séd..	.....	......	....	....	Idem. Souvent, en hiver, sur les eaux de Grand-Lieu et sur l'Erdre, à Mazerolle. Comme nos deux autres sédentaires, il se cache et se montre peu à l'époque de la nidification. Plus commun qu'eux; mais il diminue.
ORDRE QUINZIÈME. Palmipèdes (*Palmipedes*).							
80e GENRE. — HIRONDELLE-DE-MER (*Sterna*) LINN.							
H. Tschegrava........	*S. caspia* Pallas.......	.....	pér..	......	....	Printemps..........	Bords de l'Océan et parfois Grand-Lieu et Saint-Julien, etc. Le Croisic, le Pouliguen, etc. Pas commune; diminue.
H. Caujek............	*S. cantiaca* Gmel.......	.....	pér..	......	....	Septembre.........	Bords de l'Océan. Pas commune.
H. Dougall...........	*S. Dougallii* Montagu...	.....	pér..	......	....	Printemps..........	Comme Tschegrava.
H. Pierre-Garin.......	*S. hirundo* Linn........	.....	pér..	......	nich..	Printemps, été......	Bords de l'Océan, la Brière, Grand-Lieu, etc. Plus commune.
H. Hansel?...........	*S. anglica* Montagu.....	.....	.....	......	....	....	....
H. arctique..........	*S. arctica* Temm.......	.....	pér..	......	....	Printemps, fin de l'été.	Côtes maritimes et parfois la Loire. Pas commune.
H. Epouvantail.......	*S. nigra* Briss..........	.....	pér..	......	nich..	Printemps, été......	Lac de Grand-Lieu, marais et canaux de la Brière, etc., plus que la mer, à l'époque des nids. Pas très-commune.

ORDRES, GENRES ET ESPÈCES.		Séd.	PASSAGE Pér.	PASSAGE Accid.	Nich.	ÉPOQUE DU PASSAGE OU DU SÉJOUR.	Lieux d'habitation et degré de rareté.
H.-de-mer (petite)....	*S. minuta* Linn	.....	pér. .	.....	.....	Automne..........	Bords de l'Océan. Tuée à Saint-Julien. Pas commune.
81e Genre. — GOÉLAND (*Larus*) Linn.							
G. Burgermeister	*L. glaucus* Brunn.......	.....	.....	accid.	.....	Hiver..............	Bords de l'Océan. On ne voit guère que des jeunes. Très-rare.
G. Manteau bleu......	*L. argentatus* Brunn....	séd..	.....	.....	.....	....	Idem et bas de la Loire. Pas très commun.
G. Manteau noir......	*L. marinus* Linn	séd..	.....	.....	.....	....	Idem.
G. à pieds jaunes.....	*L. flavipes* Mey........	séd..	.....	.....	.....	....	Idem et parfois les marais et Grand-Lieu.
Mouette (*Larus*) Linn.							
M. à pieds bleus......	*L. canus* Linn	séd..	.....	.....	.....	....	Bords de la mer et la Loire; les marais et le lac, surtout dans les tempêtes. Assez commune.
M. Tridactyle.	*L. Tridactylus* Linn.....	.....	pér. .	.....	.....	Automne, hiver.....	Idem. Pas très-commune.
M. Rieuse	*L. ridibundus* Linn.....	séd..	.....	.....	.....	....	Idem. Assez commune.
M. Pygmée	*L. minutus* Pall........	.....	pér. .	.....	.....	Automne..........	Idem. Tuée, au Pouliguen et près de Saint-Nazaire. Rare.
82e Genre. — STERCORAIRE (*Lestris*) Illig.							
S. Cataracte..........	*L. Cataractes* Temm....	.....	.....	accid.	.....	Hiver, lors des tempêtes.	Côtes maritimes. Jeunes presque toujours. Rare.
S. Pomarin ?.........	*L. Pomarinus* Temm....	.....	.....	.....	.....	....	....
S. de Richardson	*L. Richardsonii* Ch. Bonaparte..........	.....	.....	accid.	.....	Idem..............	Idem.
S. Parasite...........	*L. Parasiticus* Temm...	.....	.....	accid.	.....	Idem..............	Idem.
83e Genre. — PETREL (*Procellaria*) Linn.							
P. Fulmar...........	*P. glacialis* Linn.......	.....	.....	accid.	.....	Idem..............	Idem. Extrêmement rare.

ORDRES, GENRES ET ESPÈCES.		Séd.	PASSAGE Pér.	PASSAGE Accid.	Nid	ÉPOQUE DU PASSAGE OU DU SÉJOUR.	Lieux d'habitation et degré de rareté.
85e Genre. — THALASSIDROME (*Thalassidroma*) Vigier.							
T. de Leach	*T. Leachii* Temm			accid.		Hiver et parfois l'été.	C'est seulement dans les grandes tempêtes qu'on le trouve sur nos côtes ou dans les terres, où il est jeté à des distances quelquefois très-grandes de la mer. Très-rare.
T. Tempête ?	*T. pelagica* Lesson						
86e Genre. — OIE (*Anser*) Briss.							
O. cendrée ou première	*A. cinereus* Mey		pér.			Hiver (novembre à mars.)	La mer et ses plages; et surtout bas de la Loire, plaines et grandes pâtures humides ou marécageuses, découvertes. Le lac, Saint-Julien, Montoir, Grand-Lieu, etc. Pas très-commune; moins qu'autrefois.
O. vulgaire ou sauvage.	*A. segetum* Mey		pér.			Idem	Idem.
O. rieuse ou à front blanc	*A. albifrons* Mey		pér.			Idem	Idem. Moins commune que les précédentes.
O. Bernache	*A. leucopsis* Bechst			accid.		Idem	Idem. Rare.
O. Cravant	*A. bernicla* Temm		pér.			Idem	Idem. Baie de Bourgneuf surtout, où elle est parfois assez commune. Plus aquatique que les autres.
O. à cou roux	*A. ruficollis* Mey			accid.		Idem	Idem. Celle de notre collection a été tuée dans les environs de Challans (Vendée). Extrêmement rare.
87e Genre. — CYGNE (*Cycnus*) Linn.							
C. sauvage	*C. musicus* Bechst		pér.			Hivers rigoureux	Bords de la mer; rivières, lac, marais, rarement les plaines, à moins qu'elles ne soient en partie submergées; Grand-Lieu, bas de la Loire, Mazerolle, etc. Ne vient que dans les hivers rudes et pas en grand nombre. Se tient en petites bandes.
C. de Bewick	*C. Bewickii* Yarrell			accid.		Idem	Idem. Celui de notre collection a été tué sur la Loire, avec sa femelle, à Couëron. Extrêmement rare.
C. tuberculé ou domestique	*C. olor* Vieill						A l'état domestique. Rare.

ORDRES, GENRES ET ESPÈCES.		Séd.	PASSAGE		Nid	ÉPOQUE DU PASSAGE OU DU SÉJOUR.	Lieux d'habitation et degré de rareté.
			Pér.	Accid.			
88e GENRE. — CANARD (*Anas*) LINN.							
C. Tadorne	*A. Tadorna* Linn.		pér.			Hivers froids	Bords de l'Océan, embouchure de la Loire; rivières, marais et lac parfois. Pas commun.
C. sauvage	*A. boschas* Linn		pér.			Hiver (novemb. à mars.)	Rivières, marais, lac, bords, de la mer. Moins commun qu'autrefois.
C. Ridenne ou Chipeau.	*A. strepera* Linn		pér.			Idem	Idem. Pas très-commun.
C. Pilet	*A. acuta* Linn		pér.			Idem	Idem. Plus commun.
C. Siffleur	*A. Penelope* Linn.		pér.			Idem	Idem. Commun encore, quoiqu'il dimimiue.
C. Sarcelle d'été	*A. querquedula* Linn		pér.		nich	Printemps, été	Idem. Pas très-commun.
C. Sarcelle d'hiver	*A. crecca* Linn		pér.			Hiver	Idem. Plus commun; mais il diminue.
C. Souchet	*A. clypeata* Linn		pér.			Idem	Idem. Pas très commun.
C. Eider	*A. mollissima* Linn			accid.		Hivers très-rigoureux.	Bords de l'Océan surtout. On a vu plusieurs jeunes et quelques adultes, dont l'un a été pris aux filets avec des macreuses dans les environs de Bourgneuf. Extrêmement rare.
C. double Macreuse	*A. fusca* Linn		pér.			Hiver	Idem. On le prend aux filets. Les jeunes sont assez communs; les vieux, très-rares. Baie de Bourgneuf, etc.
C. Macreuse	*A. nigra* Linn		pér.			Idem	Idem. Voisinage des bancs de moules. Commun.
C. Siffleur huppé	*A. rufina* Pall			accid.		Idem	Idem. Le sujet de notre collection a été tué près de Challans (Vendée), en février. Extrêmement rare.
C. Milouinan	*A. marila* Linn		pér.			Idem	Côtes maritimes, marais, lac, rivières. Pas commun.
C. Milouin	*A. ferina* Linn		pér.			Idem	Idem. Plus commun; mais il diminue aussi.
C. Nyroca ou à iris blanc	*A. leucophthalmos* Borkhausen			accid.		Fin de l'hiver	Idem. Très-rare.
C. Morillon	*A. fuligula* Linn		pér.			Hiver, la fin surtout.	Idem. Pas commun.
C. Garrot	*A. clangula* Linn		pér.			Hivers rudes	Idem. Très-rare.

ORDRES, GENRES ET ESPÈCES.		Séd.	PASSAGE Pér.	Accid.	Nid	ÉPOQUE DU PASSAGE OU DU SÉJOUR.	Lieux d'habitation et degré de rareté.
89e GENRE. — HARLE (*Mergus*) LINN.							
Grand-Harle	*M. merganser* Linn.....	.....	pér...	......	....	Hivers rudes........	Rivières, marais, lac, où il détruit beaucoup d'anguilles ; côtes de l'Océan. Rare.
H. huppé............	*M. serrator* Linn	.....	pér...	......	....	Idem	Idem. Rare.
H. Piette	*M. albellus* Linn	.....	pér...	......	....	Idem	Idem. Moins rare.
91e GENRE. — CORMORAN (*Carbo*) MEY.							
Grand Cormoran......	*C. Cormoranus* Mey....	.....	pér...	......	....	Hiver, printemps....	Rivières, marais, lac ; la mer et ses rochers. Les Evains vis-à-vis le Pouliguen. Pas commun. Il diminue.
C. nigaud ?..........	*C. Graculus* Mey.......	.....	......	......	....	....	....
C. Largup	*C. cristatus* Temm.....	.....	......	accid.	....	Hiver..............	L'Océan et ses rochers. Très-rare.
92e GENRE. — FOU (*Sula*) BRISS.							
F. de Bassan.........	*S. alba* Mey...........	.....	......	accid.	....	Hiver, lors des tempêtes surtout......	Rochers des côtes maritimes. Très-rare.
93e GENRE. — PLONGEON (*Colymbus*) LINN.							
P. Imbrim...........	*C. glacialis* Linn.......	.....	......	accid.	....	Hiver..............	Côtes de l'Océan, rivières, lac. Tué près de Nort. Rare.
P. Cat-Marin.........	*C. septentrionalis* Linn..	.....	......	accid.	....	Idem	Idem. Rare.
P. Lumme...........	*C. arcticus* Linn	.....	......	accid.	....	Printemps..........	Idem. Très-rare.
94e GENRE. — GUILLEMOT (*Uria*) BRISS.							
G. à capuchon........	*U. troile* Lath	.....	......	accid.	....	Hiver et même l'été..	Côtes de l'Océan. Très-rare.
G. à miroir blanc.....	*U. grille* Lath..........	.....	......	......	....	....	....
G. nain	*U. alle* Temm.........	.....	......	accid.	....	Hiver, lors des tempêtes	Côtes de l'Océan. Très-rare.
95e GENRE. — MACAREUX (*Mormon*) ILLIG.							
M. moine............	*M. fratercula* Temm....	.....	......	accid.	....	Hiver, idem.........	Idem. Très-rare.
96e GENRE. — PINGOUIN (*Alca*) LINN.							
P. macroptère........	*A. torda* Linn.........	.....	......	accid.	....	Idem, par les vents de Nord et Nord-Ouest.	Idem. Très-rare.

Pour dresser le catalogue qui précède, nous avons suivi le *Manuel d'ornithologie* de C.-J. Temminck, 2e édition, en corrigeant toutefois quelques erreurs de synonymie.

Temminck divise les oiseaux d'Europe en quatre-vingt-seize genres. Les espèces qu'il reconnaît et celles qui ont été découvertes depuis la publication de son ouvrage, s'élèvent à peu près à cinq cents.

Les oiseaux observés dans notre département forment quatre-vingts genres, comprenant deux cent soixante-dix espèces.

Il nous manque donc seize genres qui sont :

Le 1er genre.		Vautour,	*Vultur*	Linné.
2e	—	Catharte,	*Catharthes*	Illiger.
3e	—	Gypaëte,	*Gypaëtos*	Storr.
8e	—	Casse-Noix,	*Nucifraga*	Brisson.
10e	—	Jaseur,	*Bombycilla*	Briss.
11e	—	Rollier,	*Coracias*	Linn.
14e	—	Martin,	*Pastor*	Temminck.
18e	—	Cincle,	*Cinclus*	Bechstein.
39e	—	Guêpier,	*Merops*	Linn.
47e	—	Ganga,	*Pterocles*	Temm.
49e	—	Turnix,	*Hemipodius*	Temm.
52e	—	Court-Vite,	*Cursorius*	Latham.
64e	—	Flammant,	*Phœnicopterus*	Linn.
76e	—	Talève,	*Porphyrio*	Briss.
84e	—	Puffin,	*Puffinus*	Briss.
90e	—	Pélican,	*Pelecanus*	Linn.

Ces seize genres renferment vingt-six espèces.

Or, les espèces d'Europe étant à peu près de cinq

cents. 500

Et celles de notre département de deux cent soixante-dix. 270

Il en résulte qu'il nous manque deux-cent trente espèces. 230

De ces deux cent trente espèces, vingt-six. . . . 26
se trouvant dans des genres que nous n'avons pas, nous arrivons à cette conclusion que deux cent quatre. 204
nous font défaut dans les genres qui ont été observés dans la Loire-Inférieure.

230

Nous n'en ferons pas l'énumération : elle serait trop longue. On les trouvera dans Temminck.

De ces deux cent trente espèces, les unes, et le nombre en est grand, sont accidentelles en Europe, les autres ont leurs demeures habituelles dans les contrées du Nord, dans les régions du centre et dans les zônes méridionales ou orientales de l'Europe. Ce n'est donc qu'accidentellement qu'elles paraîtraient dans notre pays.

La répartition des espèces qui nous manquent, faite à ce point de vue, donne les résultats suivants :

1° Espèces accidentelles en Europe. 78
2° Espèces habitant ses régions septentrionales. . 44
3° Espèces habitant ses parties centrales. 10
4° Espèces habitant ses contrées méridionales ou orientales. 98

Total égal. 230

Si, de ces deux cent trente espèces. 230
on retranche les soixante-dix-huit qui sont accidentelles à l'Europe, ... 78

on voit qu'il ne manque à notre département que cent cinquante-deux espèces des oiseaux d'Europe. . . . 152

Nous serions plus riches, si nous possédions des montagnes ; car plus de quarante des espèces qui nous font défaut, les habitent d'une manière spéciale.

Ne nous plaignons pas de la part que la Providence nous a accordée ; car il est peu de départements plus favorisés que le nôtre, et il en est beaucoup qui le sont moins. Estimons-nous heureux, au contraire, surtout en pensant que la France entière ne possède guère que quarante espèces de plus que notre département.

§ I.

De l'insuffisance des explorations ornithologiques faites jusqu'à ce jour dans la Loire-Inférieure.

Deux cent soixante-dix espèces ont été observées dans la Loire-Inférieure ; mais est-ce là le nombre exact de celles qui s'y sont montrées ? N'en a-t-il pas paru, n'en paraît-il pas encore plusieurs autres, accidentellement du moins, si ce n'est périodiquement ?

Nous sommes très porté à le croire, puisque la présence de certaines espèces a été signalée par des ornithologistes de mérite dans des départements voisins qui ne paraissent pas avoir de localités plus privilégiées que les nôtres. Mais ces départements ont été explorés avec soin, et le nôtre, disons-le, ne l'a encore guère été au point de vue de la science. Si quelques recherches ont été faites, elles l'ont été sans suite et souvent à des époques et dans des lieux tout autres que ceux où elles auraient dû êtres dirigées, pour être fructueuses.

Nous ne connaissons guère que les oiseaux apportés sur nos marchés par les approvisionneurs, pendant que la chasse est permise. Encore n'y voyons-nous généralement que les grosses espèces. Ceux qui séjournent ou qui opèrent leur passage à cette époque parmi nous, s'ils sont d'un petit volume, s'ils vivent isolés et non en grandes bandes, si surtout ils ne peuvent être tués en grand nombre à la fois, le chasseur les dédaigne et ils restent inaperçus.

En outre, beaucoup d'espèces ne nous arrivent qu'au printemps, ne passent ou ne séjournent dans nos contrées que pendant cette saison ou pendant l'été, à la fin duquel elles prennent leur essor vers d'autres climats. On ne les trouve donc dans notre département qu'à l'époque précise où la chasse est prohibée. Aussi plusieurs d'entre elles sont-elles peu connues, celles surtout qui ne font que passer.

On connaît moins encore les oiseaux qui, pendant leur séjour périodique de la belle saison, habitent de vastes espaces fourrés et touffus, situés à de grandes distances de nos villes, comme les forêts, les vastes champs d'ajoncs, et surtout les marais et les brières, dans l'épaisseur desquels on ne fait guère d'explorations à cette époque de l'année. Il est parmi ces oiseaux des espèces aux habitudes solitaires qui, dès leur arrivée et pendant tout le temps de leur séjour, s'enfoncent et vivent dans la profondeur des jonchées les plus épaisses; qui ne sortent que rarement sur les lisières et seulement au crépuscule ou pendant la nuit; qui ne font entendre qu'un chant rare ou qu'un cri bref et peu sonore perdu souvent au milieu d'autres chants ou d'autres cris ; qui, enfin, se dérobent aux poursuites du chasseur le plus intrépide et le plus vigilant, en courant avec rapidité à travers les hautes herbes et ne prennent le vol que quand elles y sont absolument forcées. Ces oiseaux sont regardés comme rares. Ils ne le seraient pas peut-être, si l'ornithologiste passait quelque temps et faisait des battues répétées dans les fourrés qu'ils habitent.

S'il en est ainsi pour les espèces qui demeurent plusieurs mois parmi nous, que sera-ce donc pour celles qui ne font que passer ou dont le séjour est de très courte durée !

On ne connaît pas beaucoup plus les espèces qui passent ou qui séjournent sur les bords de notre océan, placé pour ainsi dire à nos portes. Et pourtant que de richesses accumulées sur ses rochers disséminés, sur ses plages et sur l'immense étendue de ses côtes, à toutes les époques de l'année !

En automne, les familles anciennes, augmentées des générations nouvelles, les parcourent dans toutes les directions.

En hiver principalement, lorsque les rigueurs du froid ont glacé nos marais, notre lac et nos rivières, c'est là que se réfugient les oiseaux aquatiques qui y forment des bandes innombrables.

Dans les grandes tempêtes, des espèces qui ne fréquentent habituellement que les régions septentrionales de l'Europe, sont parfois emportées par la violence de l'ouragan et jetées sur nos côtes. Il en est même qui nous viennent alors de l'Amérique septentrionale.

Il est encore des lieux d'une nature, d'une configuration particulières, qui n'ont guère été l'objet de recherches scientifiques. Ce sont ces dunes d'Escoublac et du Pouliguen qui reçoivent tous les ans des hôtes qu'on ne rencontre que sur leurs sables arides.

On peut être assuré que, quand un terrain a une nature ou une végétation particulière, il a aussi ses espèces spéciales. Les dunes d'Escoublac, les plantations de tamarix des prairies de Montoir, le sol tourbeux de la Grande-Brière, les rochers de Mauves, etc., en donnent la preuve convaincante.

De toutes nos localités, une seule est assez bien connue; c'est Saint-Julien-de-Concelles, remarquable par son marais étendu, par ses prairies nombreuses et ses vastes pâtures parsemées de flaques d'eau. Ce n'est pas que les recherches des ornithologistes y aient été aussi complètes qu'on pourrait le désirer; mais les relations qu'ils ont établies avec les chasseurs intelligents et adroits de cette localité, les espèces d'oiseaux qu'on y a tuées depuis un grand nombre d'années et qui leur ont été présentées, la leur ont fait connaître sous des rapports très avantageux. C'était, il n'y a pas longtemps encore, la terre promise d'un grand nombre d'espèces d'oiseaux aquatiques et d'oiseaux de proie, etc. Il n'en est plus de même aujourd'hui, par suite du partage et du dessèchement de ses pâtures.

Mais Saint-Julien-de-Concelles est-il réellement privilégié ? Nos autres localités de même nature ne rivaliseraient-elles pas avec lui, si elles étaient aussi bien explorées ? Ne doivent-elles pas leur infériorité relative à la difficulté des communications avec elles et à l'activité ou à l'adresse moins grande de leurs chasseurs ?

Concluons de ce qui précède que presque toutes les localités de notre département n'ont point été inventoriées au point de vue de la science, et faisons des vœux pour que des hommes, passionnés pour elle, y fassent les recherches convenables. Aidés de leurs observations, nous pourrons établir exactement un jour notre bilan ornithologique, et, n'en doutons pas, nous pourrons ajouter quelques espèces à celles que nous possédons.

§ II.

Des causes qui décident de l'habitation des oiseaux dans un lieu.

L'habitation des oiseaux dans un lieu est toujours déterminée par une des premières conditions de l'existence, par l'alimentation. Si à une nourriture suffisante vient se joindre une température appropriée à leur bien-être et une disposition de lieux qui leur permette de se livrer en sécurité à leurs habitudes, au besoin impérieux de la nidification et à l'élève de leurs petits, ils y fixent leur demeure. Mieux ces conditions sont remplies dans un endroit, plus leur nombre y est considérable. Si elles ne se trouvent réunies que sur un point, on ne les voit que sur ce point. Voilà pourquoi nous ne trouvons guère à demeure fixe, que sur les dunes d'Escoublac et du Pouliguen, l'Alouette calendrelle (*Alauda brachidactyla* Temm.), et que, dans la Brière, le Combattant (*Machetes pugnax* G. Cuv.), un des plus beaux oiseaux qui viennent périodiquement dans notre département, etc.

Si plusieurs de ces conditions, si surtout l'alimentation, la principale de toutes, vient à manquer, il y a émigration. Les pauvres affamés s'envolent vers des contrées lointaines, suppléant de leur mieux à leur nourriture favorite et, comme les hordes d'Attila, dévastant sur leur passage tout ce qui peut les alimenter. C'est ainsi qu'en 1838, des bandes extraordinaires de Becs-croisés des pins (*Loxia curvirostra* Linn.) vinrent fondre sur les pommes de nos vergers et en broyer la pulpe avec une rapidité étonnante pour atteindre leurs pépins qu'ils dévoraient. C'est ainsi qu'on a vu des espèces des contrées les plus méridionales, entraînées et égarées à la poursuite des insectes dont elles se nourrissent, apparaître en été jusque dans le nord de la France. (*Merops apiaster* Linn., *Pastor roseus* Temm., *etc.*)

Il est donc très important de connaître la nourriture des oiseaux, car cette connaissance conduit à la découverte de leur habitation. Nous renvoyons à ce qui a été dit sur ce sujet pages 6 et 7.

§ III.

Des causes qui avancent ou retardent l'arrivée ou le départ des oiseaux.

L'arrivée des oiseaux qui se montrent périodiquement dans nos contrées au printemps ; le départ de ceux qui nous quittent ou qui passent à cette époque, peuvent être avancés ou retardés.

Un ciel pur, un soleil vivifiant, une atmosphère imprégnée de chaleur et d'électricité, une végétation précoce, des vents favorables les accélèrent. Cependant cette accélération n'est jamais d'un grand nombre de jours, tant l'instinct qu'ils ont reçu de la Providence les guide admirablement.

Si alors un revirement s'opère dans l'atmosphère ; si à une température printannière succède un refroidissement intense, les chants cessent, le silence règne ; nos visiteurs, tristes et les plumes ébouriffées, se réfugient dans les fourrés ou sous d'autres abris protecteurs que la faim seule leur fait abandonner. Certaines espèces, aux ailes rapides, regagnent même les zones méridionales et ne reviennent dans la nôtre que quand les beaux jours ont reparu.

Les inondations considérables et de longue durée, la permanence des pluies et leur défaut d'évaporation au commencement du printemps, le prolongement du froid jusqu'à cette époque ou sa recrudescence, les vents contraires retiennent les oiseaux qui opèrent ou qui vont opérer leur passage, les font séjourner plus longtemps dans notre département, où ils trouvent des conditions avantageuses que leur instinct leur dit qu'ils ne rencontreraient pas dans les régions vers lesquelles ils se dirigent.

Souvent, pendant ce retard, ils revêtent dans toute sa beauté leur livrée nuptiale qu'ils prennent rarement dans notre pays. C'est une bonne fortune que les ornithologistes doivent regarder comme exceptionnelle, et qu'ils ne doivent pas négliger toutes les fois qu'elle se présente. C'est seulement dans ces circonstances qu'on peut ici se procurer en plumage de noces le Pipit spioncelle (*Anthus aquaticus* Bechst.), la Bergeronnette jaune (*Motacilla Boarula* Linn.), le Bécasseau maubêche (*Tringa cinerca* Linn.), les Chevaliers arlequin et aboyeur (*Totanus fuscus* Leisl. et *Totanus glottis* Bechst.), etc.

Mais si la saison s'avance, ces oiseaux, malgré la persistance des causes que nous avons énumérées, partent pour le pays de la reproduction. Il en reste cependant parfois quelques-uns. Chez ces retardataires, les lois de la nature ne s'en accomplissent pas moins dans notre pays, et, pressés par les devoirs qu'elles leur imposent, ils se placent dans les meilleures conditions d'alimentation et d'habitation possibles et nichent, quoiqu'ils ne soient pas sous leur climat de prédilection. Ainsi ont niché : à Sainte-Luce, la Pie-grièche à poitrine rose (*Lanius minor*

Linn.) ; près de Nantes et ailleurs, le Merle à plastron (*Turdus torquatus* Linn.) ; à Blain, l'Autour (*Falco palumbarius* Linn.), etc.

§ IV.

But de ce travail, qui est de rendre plus faciles l'étude de l'ornithologie et la formation des collections. — Quelques mots sur celle de notre Muséum.

Toutes les considérations qui précèdent n'ont qu'un but, celui de rendre plus aisée et plus prompte la formation des collections et d'aplanir les difficultés de l'étude de l'ornithologie. Nous serions amplement récompensé de notre travail si nous voyions s'élever autour de nous des collections particulières, et tous nos désirs seraient accomplis si nous étions assez heureux pour donner l'impulsion à la formation d'une collection ornithologique modèle dans notre Muséum d'histoire naturelle. La collection actuellement existante demande à être presque entièrement renouvelée.

Les oiseaux d'Europe et surtout ceux qui fréquentent habituellement notre département et que nous pouvons conséquemment nous procurer avec la plus grande facilité, s'y trouvent en très petit nombre. Et dans quel état, grand Dieu ! ! ! Mal montés, mal préservés, rongés par la vétusté et les dermestes, ternis par l'humidité incessante qui les entoure, tachés par la moisissure qui a agglutiné les plumes de plusieurs, réduits, quelques-uns du moins, à un état d'altération désolante : voilà ce que sont les oiseaux d'Europe de notre Muséum.

Les oiseaux exotiques valent-ils beaucoup mieux ? Leur apparence semblerait le dire, car un grand nombre ont conservé une partie de leur fraîcheur et de leur éclat primitifs. Ils doivent sans doute cet avantage à ce qu'ils sont en général moins vieux et surtout à ce qu'ils séjournent dans les salles depuis bien moins d'années que les précédents. Quoi qu'il en soit, nous n'oserions affirmer que leur enveloppe cutanée n'est pas altérée à un haut degré par l'atmosphère humide dans laquelle ils sont plongés depuis si longtemps et qui triomphera à la longue de tous les soins qu'on pourra leur donner.

Qu'il est pénible de voir notre cité réduite à un tel état de pauvreté ! Qu'il est pénible de nous voir surpassés par plusieurs villes de l'intérieur bien moins avantageusement situées que la nôtre, et de penser que notre Muséum est loin d'être au niveau de la science, et loin, bien loin d'être le sixième de France ! Qu'il est pénible surtout de penser que, dans une grande cité comme Nantes, on ne peut se livrer avec fruit à l'étude de l'ornithologie, parce qu'on y manque des types nécessaires pour familiariser avec cette science. Cependant l'histoire naturelle est enseignée partout. Dans les villes de quelque importance, pendant les cours on se fait un devoir de soumettre aux regards les types, les spécimens qui, bien mieux que des paroles, gravent profondément dans la mémoire les caractères généraux et particuliers tracés dans les leçons. Si ces spécimens manquent aux maisons d'éducation et qu'elles ne puissent se les procurer, elles conduisent leurs élèves dans les musées et leur font saisir *de visu* les caractères distinctifs que fournissent les collections. C'est là le vrai moyen d'inculquer les connaissances dans l'esprit de ceux qui étudient et de leur faire faire des progrès rapides.

Quelles connaissances ornithologiques peuvent être acquises par la jeunesse dans notre ville dépourvue de collection ? Quelles connaissances peuvent acquérir les hommes sérieux qui veulent consacrer leurs loisirs à l'ornithologie et y trouver un délassement ?

Il est étonnant que Nantes, qui est si admirablement situé entre l'ancien et le nouveau monde, qui a des relations journalières avec les deux, n'ait pas les plus belles et les plus riches collections de la province. Pourquoi ne les a-t-il pas ?

Que lui manque-t-il donc ?

Une impulsion première énergique, permanente, qui allume le feu sacré de la science. Ce feu se propagerait facilement, nous en avons la conviction, s'il était alimenté et excité par des mains puissantes, et si ces mains puissantes lui créaient un foyer central, d'où les rayons vivifiants s'irradieraient dans toutes les directions. Ce foyer central, ce sont les collections.

Mais les collections, pour être utiles pendant de longues années, doivent être placées dans un édifice approprié qui leur donne toutes les garanties de conservation possibles. Notre bâtiment actuel, nommé le Muséum, offre-t-il ces garanties ? Hélas ! non.

Bâti dans une des parties les plus basses de notre ville, recevant conséquemment dans son pourtour la boue et les eaux pluviales abondantes qui nous désolent si longtemps chaque année ; exposé à l'évaporation continue des eaux de l'Erdre qui l'avoisine ; ayant ses salles inférieures presque au même niveau que son jardin où sont des arbres nombreux qui lui donnent trop d'ombrage ; n'offrant dans ses compartiments supérieurs que des combles pénibles à voir ; ne montrant partout que des pièces mal distribuées, trop peu nombreuses, généralement trop petites et impropres à une aération, à une ventilation et à une calorification nécessaires ; enfoui de plus au milieu de maisons gothiques et enfumées dont il est à peine séparé à l'Est et à l'Ouest ; présentant enfin un aspect qui est loin d'être monumental, notre Muséum se trouve dans les conditions les plus défavorables pour recevoir ou contenir des collections susceptibles d'altérations : aussi la collection ornithologique est-elle dans l'état déplorable que nous avons signalé précédemment. Il en est de même de celles des mammifères, des reptiles et des poissons.

Nous conjurons nos autorités municipales, notre vénérable maire et nos dignes édiles, tous si favorables à la cause de l'instruction et au progrès de la science, tous si pleins de sollicitude pour ce qui peut contribuer à la richesse et à l'embellissement de notre cité, nous les conjurons, dans l'intérêt de l'étude de l'histoire naturelle, dans l'intérêt de nos collections scientifiques qui se détériorent chaque jour et qui vont finir par se perdre entièrement, de remplacer le Muséum actuel par un édifice digne de la capitale de la Bretagne, assez grand pour recevoir tous les trésors que nous possédons, et assez bien placé et disposé pour qu'ils puissent s'y conserver.

Nous les conjurons d'élever ce monument qui manque à notre cité ; qui manque à la science et à toutes les intelligences ardentes et passionnées pour elle ; qui manque surtout à ces hommes nobles et généreux, que nous avons entendus adresser la demande si éminemment patriotique de déposer dans ce sanctuaire depuis si longtemps désiré les richesses scientifiques de premier ordre qu'ils ont passé leur vie entière à réunir à grands frais et au prix des recherches et des pérégrinations les plus pénibles. Honneur à ces âmes d'élite qui ont si brillamment parcouru leur carrière et illustré leur patrie par leurs vastes connaissances ! Honneur à ces dignes enfants de notre belle cité, dont la dernière pensée est de doter leur ville natale de trésors inappréciables, dont la seule ambition est de développer le feu de la science parmi leurs concitoyens et de contribuer, autant qu'il est en eux, à la gloire du pays qui les a vus naître et, ajoutons-le, qui sera dans le deuil quand il aura la douleur de les voir mourir!!!.... L'entrée du temple peut-elle leur être refusée!!!.... Adressons nos prières au Dieu de l'espérance. Puisse-t-il nous venir en aide et nous exaucer (1)!!!....

Que, si les ressources financières de notre ville ne permettent pas de construire en ce moment un pareil édifice, que nos édiles veuillent bien, en attendant des jours meilleurs, ne pas laisser nos collections séjourner plus longtemps dans le Muséum actuel. Celles qui sont susceptibles d'altérations, se décomposeront indubitablement d'ici à quelques années, si elles y restent. L'étude de l'histoire naturelle y perdra; notre ville sera obligée tôt ou tard de les remplacer et conséquemment de faire des dépenses que l'on éviterait peut-être encore en les transportant immédiatement ailleurs.

(1) Ces prières instantes, adressées à notre Municipalité, en 1863, sont aujourd'hui exaucées (février 1864). Notre vénéré Maire et nos édiles se sont empressés d'accepter la magnifique collection géologique léguée à notre ville par M. Bertrand-Geslin, l'un de ses plus nobles enfants, et de choisir un nouvel édifice qui réunira toutes nos richesses scientifiques. Qu'ils veuillent bien agréer ici l'expression de la vive gratitude de tous les amis de la science.

Mais hélas! Bertrand-Geslin, notre savant géologue, n'est plus! Découvrons encore nos fronts au souvenir de cette tombe glacée qui vient de recevoir ses dépouilles mortelles et renouvelons lui notre dernier adieu!

Nous n'avions que trop raison de dire que sa dernière pensée était pour sa ville natale; car à peine lui avait-il légué ses riches collections, qu'il rendait sa belle âme à Dieu.

Gloire et reconnaissance à ce chercheur infatigable, à cet observateur émérite, à ce zélé propagateur des connaissances géologiques! Rendons à sa mémoire toute l'affection qu'il avait pour nous et, guidés par le flambeau lumineux qu'il nous a légué, marchons avec la même ardeur que lui dans la carrière de la science.

Puisse notre cité reconnaissante ériger bientôt, au milieu de la collection Bertrand-Geslin, le buste de ce digne citoyen, aussi grand par le cœur que par l'intelligence!

§ V.

Des moyens les plus économiques de faire une collection ornithologique au Muséum d'histoire naturelle.

Puisque la collection ornithologique actuelle de notre Muséum est à renouveler en grande partie, disons quelques mots sur la manière de la former.

Une collection d'oiseaux doit se composer de sujets de tout âge, de tout sexe, de toute saison et de toutes les variétés qu'ils peuvent présenter.

En hiver, le plumage est pâle, terne, peu riche en couleurs et n'offre pas tout le développement qu'il acquiert plus tard.

Au printemps, à l'époque des amours et de la nidification, il s'opère dans la livrée de beaucoup d'espèces une transformation admirable. Des couleurs vives, brillantes, à reflets éclatants, remplacent les teintes pâles de l'hiver. Parfois des plumes et d'autres productions qui n'existaient pas avant cette saison ou qui n'existaient qu'à l'état rudimentaire, se développent avec une rapidité étonnante et acquièrent une ampleur et une magnificence de coloris merveilleuses. C'est surtout à cette époque qu'il faut travailler à la collection de toutes les espèces européennes susceptibles d'être trouvées; car c'est seulement alors qu'on peut choisir les plus beaux sujets des oiseaux sédentaires et obtenir dans leur livrée parfaite ceux qui n'opèrent leur passage ou qui ne séjournent que dans cette saison.

L'été ne doit pas être négligé pour les jeunes, ni l'automne pour les espèces qui ne se montrent qu'à cette époque, pour celles dont le plumage offre alors des différences et pour celles qui restent tard et qui ont une livrée aussi belle qu'au printemps.

L'hiver enfin est consacré à la recherche de toutes les espèces que les frimas du Nord nous envoient.

Pour les oiseaux exotiques, on se les procure dans des livrées différentes, mais surtout dans celle qui est la plus parfaite et la plus brillante.

Les dépenses nécessaires pour une collection ornithologique ne seraient pas élevées, quoiqu'il y ait beaucoup à faire pour les oiseaux d'Europe. Il serait facile de les atténuer relativement à ces derniers.

Pour obtenir ce résultat, nous conseillons de faire un appel à tous nos chasseurs. Que nos autorités municipales, que nos propriétaires qui sont le plus souvent chasseurs eux-mêmes, que les membres de nos sociétés savantes et de nos cercles divers veuillent bien prier leurs amis et tous ceux sur lesquels ils exercent quelque influence, de s'intéresser à notre Muséum et de faire quelque chose pour lui. L'appel sera entendu, n'en doutons pas. Tout le monde s'empressera de faire son offrande pour l'édification d'une collection scientifique qui manque à notre cité et de travailler à son embellissement et à sa gloire.

Il y a quelques années, la collection ornithologique du département de Maine-et-Loire était dans un état de pauvreté aussi grande que la nôtre. Tout était presque à créer. Un appel semblable à celui que nous proposons, fut fait; on y répondit avec empressement. Les chasseurs d'élite envoyèrent de fréquentes offrandes au musée d'Angers qui, dans un nombre d'années peu considérable, atteignit pour les oiseaux d'Europe un haut degré de splendeur qu'il n'a fait qu'augmenter depuis. L'appel fait créa donc comme par enchantement la collection d'Angers; mais il ne borna pas là ses effets. L'impulsion donnée développa le goût de l'histoire naturelle chez plusieurs de ces hommes instruits et zélés qui avaient travaillé à la gloire de leur pays:

ils formèrent pour eux-mêmes de magnifiques collections.

Si, ce que nous ne pouvons croire, l'appel aux chasseurs d'élite est insuffisant, qu'on l'étende à quelques-uns de ces chasseurs campagnards dont l'intelligence et l'adresse cynégétiques ne le cèdent pas toujours à l'adresse et à l'intelligence de nos chasseurs émérites. Ils surpassent même souvent ces derniers en patience et en connaissance des lieux habités par les oiseaux qu'on désire. Qu'on choisisse les plus capables dans les localités de nature différente, dans les pays de collines, dans les vallées, dans les plaines, sur la lisière ou dans l'intérieur des forêts, sur les bords des marais, des brières, de notre lac, de nos rivières et sur les côtes de l'Océan. Flattés d'être les correspondants du Muséum d'histoire naturelle de la Loire-Inférieure, et assurés d'une rémunération convenable pour les sujets à fournir, ils ne manqueront pas de faire, de leur côté, des envois nombreux.

Les marchés de notre département ne seront point oubliés et contribueront aussi à notre approvisionnement.

On pourra ainsi, dans un nombre d'années restreint et à peu de frais, constituer une collection qui renfermera une grande partie des oiseaux d'Europe. A l'aide d'échanges, on se procurera ceux qui manqueront, si l'on ne veut pas les acheter.

Pour les oiseaux exotiques, on aura recours à l'obligeance de nos armateurs qui ont des relations ou des comptoirs dans toutes les parties du globe, et à toutes les personnes dévouées qu'on connaît dans ces pays lointains. On fera appel en même temps au zèle de ces intrépides capitaines au long-cours qui voyagent dans toutes les contrées connues et qui s'empressent d'aborder, toutes les fois qu'ils le peuvent, ces vastes terres dont personne n'a encore exploré l'intérieur.

A l'aide de tous ces éléments, le succès sera assuré et notre cité aura une collection ornithologique digne d'elle, et la première peut-être de la province.

§ VI.

Du dépeuplement et de l'utilité des oiseaux.

Mais hâtons-nous, car les voies ferrées enlèveront de plus en plus les oiseaux de nos contrées pour les transporter au loin.

Hâtons-nous, car le dépeuplement des oiseaux va croissant chaque année et dans une proportion extraordinaire.

Le gibier proprement dit diminue dans une proportion tellement désolante que, dans quelques années, il sera rare. Nous pourrions énumérer ici les causes de cette diminution, mais elles sont bien connues. Nous nous bornerons à appeler sur elles toute l'attention des autorités supérieures, qui peuvent, sinon les faire disparaître, du moins les atténuer.

Car de quelle utilité, nous osons même dire de quelle nécessité ne sont pas les oiseaux! N'est-ce pas à eux qu'est due la destruction de ces millions de larves répandues partout, de ces myriades infinies d'insectes qui, sans leur secours tutélaire, dévoreraient les récoltes de nos campagnes et la riche végétation de nos arbres; qui, par leurs attaques incessantes, rendraient notre existence insupportable et nous réduiraient à nous claquemurer pendant les plus beaux jours de l'année? Repoussons de toutes nos forces les attaques dirigées contre ces charmantes créatures, si actives à poursuivre et à anéantir les innombrables ennemis de nos moissons, si dignes de tout notre intérêt pour l'animation et la vie qu'elles répandent dans les solitudes de nos campagnes, et disons hardiment que les services immenses qu'elles rendent doivent faire fermer les yeux sur les petits préjudices qu'elles causent. Nous ne nous étendrons pas davantage sur leur utilité incontestable ; nous relaterons seulement quelques faits qui la rendront évidente.

Dans l'hiver de 1855, le froid fut très rigoureux pendant une quinzaine de jours ; la neige couvrit la terre les cinq derniers. Les oiseaux insectivores de nos contrées ne trouvaient plus de nourriture, et, transis de froid, ils se réfugiaient dans les buissons, dans les fourrés, où chaque jour on les trouvait privés de vie. La mortalité fut si grande parmi eux durant cet hiver, qu'au printemps suivant ils étaient très rares. Pour comble de malheur, les insectivores qui, dans ce même printemps, vinrent des régions méridionales fixer leur demeure périodique dans nos contrées, furent en petit nombre. Les larves et les insectes ne purent conséquemment être détruits. Qu'en résulta-t-il ? Dans l'été de cette même année et de la suivante, on vit partout apparaître et se multiplier ces chenilles innombrables qui dévorèrent les bourgeons et le feuillage de nos taillis, de nos futaies, de nos arbres les plus chers, qui dévoraient surtout en quelques heures ces végétaux oléracés si précieux qui servent à notre alimentation et à celle de nos premiers animaux domestiques. Dans certaines localités, ces insectes malfaisants couvraient à se toucher les champs et les routes qu'ils traversaient pour aller exercer leurs ravages dans les alentours et se répandaient partout jusque dans les habitations.

Ce n'est que depuis la multiplication des oiseaux dans nos contrées que ce fléau a disparu.

ADDITION.

La diminution progressive des espèces ornithiques de nos contrées n'ayant pas été constatée, dans le catalogue qui précède, chez toutes celles qui la présentent, nous nous empressons de combler cette lacune et de mentionner ici les espèces et même les genres où cette diminution n'a pas été indiquée. Ces espèces et ces genres sont les suivants (voir le catalogue) :

Les Faucons.
La Buse commune.
Les Busards.
Le Corbeau noir.
Les Corneilles.
Le Freux.
La Pie ordinaire.
Le Geai ordinaire.
Le Merle noir.
La Grive.
Le Mauvis.

L'Etourneau vulgaire. Les Pies-Grièches. Les Traquets. Les Becs-Fins. Les Mésanges. Les Bergeronnettes. Les Pipits.	} Ces insectivores par excellence.

Les Alouettes.

Affirmons, en terminant, que, depuis trente ans, presque toutes les espèces d'oiseaux de nos contrées ont diminué et que cette diminution est surtout remarquable chez celles qui constituent le *gibier proprement dit.*

Les causes de cette diminution, quoique nombreuses, peuvent se réduire à trois chefs principaux : la destruction, sous ses diverses formes, portée trop loin; les poursuites incessantes et le défaut d'une nourriture suffisante qui produisent les émigrations forcées et la permanence d'habitation dans des régions meilleures.

Puissent nos autorités supérieures, si intelligentes, si zélées, si dévouées au bien public, méditer sur cette diminution progressive des oiseaux et l'arrêter dans l'intérêt de la prospérité des campagnes et du bien-être général !

Nantes, Vᵉ Mellinet, Imprimeur, place du Pilori, 5.

www.ingramcontent.com/pod-product-compliance
Ingram Content Group UK Ltd.
Pitfield, Milton Keynes, MK11 3LW, UK
UKHW020433180726
13839UKWH00003B/1475